MOYEN

D'OBTENIR

DU DRAINAGE

TOUT SON EFFET UTILE.

Le précieux complément que M. le comte de Gasparin vient de donner à son enseignement déjà si riche, appelle sur l'emploi des engrais liquides, l'attention de tout agriculteur en progrès qui exploite des terres naturellement perméables ou rendues perméables par le drainage.

Tout le monde, M. le directeur, sait aussi pour quelle large part vous avez contribué à la propagation de l'amélioration puissante qui, en délivrant tant de bons sols de l'excès d'eau qui annihilait en partie l'effet des fumures, va les rendre capables non pas de se passer d'engrais, mais d'en recevoir utilement des doses triples et quadruples, sans application de plus de travail, et par conséquent avec rémunération plus que doublée.

Permettez que, joignant le fruit de ce que l'expérience nous a enseigné à tant de faits d'expérience consignés dans votre excellent journal, nous venions dire à notre tour ce qu'une exploration faite en Écosse au printemps 1853 nous a montré d'admirables résultats obtenus de l'emploi simultané du drainage et des fortes fumures, et spécialement des fumures à l'état liquide.

Cette note fait partie de quelques conseils que nous pensons pouvoir bientôt adresser à la Dombes, qui dans la généralité de ses vastes domaines ne sait encore que labourer pour des céréales les champs qu'elle ne submerge pas, comme si le profit et le meilleur avenir qu'elle cherche, ne dépendaient pas précisément et longtemps encore *de la diminution des surfaces labourées, alors même que le videment des étangs aurait doublé le domaine cultivable.*

Quand on dispose, comme la Dombes, d'un excellent sol, partout mouvementé, que le drainage affranchira complétement de l'humidité nuisible aux bêtes à laine, et dont le simple pâturage par celles-ci peut, indépendamment du fumier qu'il produit, payer le loyer actuel (25 fr. par hectare) avec tous les frais que nécessite l'entretien des moutons; quand le drainage des riches alluvions de ses fonds d'étangs va rendre soluble, et par conséquent disponible à peu de frais, tout l'engrais que demandera l'établissement des prairies nécessaires à l'alimentation d'hiver des troupeaux, serait-il si difficile à l'exploitant dombiste, désormais rassuré sur l'acquittement du prix de ferme des terres qu'il ne laboure pas, de mesurer sa tâche de travail sur la quantité de fumier que lui produit l'herbe des pâtures en partie digérée à la ferme ?

S'il se décide à labourer de moins grandes surfaces, alors qu'il disposera d'un tas de fumier double, ne sera-t-il pas amené naturellement, et par là même, à donner à ses cultures une fumure triple ? Et si, dans les champs ainsi cultivés et fumés, il admet à côté des céréales des fourrages, et par conséquent des moyens nouveaux de fumure, dans une proportion qui, devant suffire à ces champs, laissera disponible pour les pâtures tout l'engrais que celles-ci produisent, lui sera-t-il si difficile, toujours en fumant fort, de convertir graduellement les pâturages d'herbes adventices en riches pâturages semés, qui bientôt prendront place dans la culture pour l'enrichir de leur précieux détritus ?

Desséchement graduel des étangs sans perturbation fâcheuse et sans exiger plus que le capital disponible ; profit pour ce capital, accroissement de revenu pour le propriétaire, pain pour l'ouvrier, salaire régulier et plus que suffisant pour procurer ce pain à sa famille, et dès lors population dans l'aisance substituée à la dépopulation que les étangs ont faite, tels seront infailliblement les résultats d'un mode transitoire d'exploitation que commandent à la Dombes la vaste étendue de ses domaines, l'absence de salubrité et de population ouvrière, le renchérissement des produits animaux, et l'avilissement graduel du prix du poisson d'étangs.

Après une longue expérience de cette terre, aujourd'hui, comme il y a quinze ans (1), nous conseillons donc à ses exploitants d'établir d'abord dans les parties basses du domaine de riches réserves de prés, tous chaulés, drainés, fumés au besoin, et dans l'intérêt desquels seront utilisées toutes les eaux qui alimentaient les anciens étangs; puis de restreindre provisoirement la culture aux terres les plus riches et autant que possible les plus rapprochées des bâtiments d'exploitation.

Cette culture, sur des champs drainés, défoncés et chaulés, admettra autant de fourrage que de blé, et ces diverses productions, que l'exploitant se proposera aussi fortes que peut le permettre l'état physique du sol, re-revront le maximum de la fumure utilisable

(1) M. Nivière aujourd'hui en Allemagne pour étudier les conditions et les conséquences de l'assolement pastoral mixte, s'est rencontré avec M. Moll dans l'idée d'en conseiller l'application à la Dombes.

(*Puvis*. Rapport de la commission d'enquête sur le desséchement des étangs de la Dombes, 23 août, 1839, page 340.

et nécessaire ; ce qui implique naturellement l'obligation de proportionner l'étendue des cultures aux poids d'engrais disponible.

Quant aux parties du domaine submersibles ou non, qui ne pourront pas encore être fumées, elles seront momentanément abandonnées à la production des herbes adventices destinées à être pâturées par des animaux de petite taille et de l'espèce qui, dans un temps donné, pourra s'approprier la plus forte ration alimentaire proportionnellement à son poids vivant.

Aucune limite ne sera posée entre les pâturages naturels et la culture, car celle-ci, qui va pouvoir disposer chaque année de moyens de fumure plus abondants, est destinée à faire tache d'huile, et à s'étendre graduellement sur les pâtures.

Ces dernières, en passant successivement dans le domaine cultivé, et en redevenant pâturages semés après quelques années de culture, conserveront en partie leur durée de deux ou de trois ans, parce que cette permanence épargne les labours et approvisionne le sol de détritus végétaux par lesquels l'influence des engrais azotés est doublée en intensité et en durée.

Le système d'utilisation de la terre de Dombes au moyen de l'inondation artificielle et périodique opposait aux projets de mise en culture les profits et l'épargne de travail que lui permettait *son absence de culture* par l'eau et le poisson. Mais la pâture naturelle, qui ne demande pas plus de labours que l'étang, et qui nourrit par hectare, et pendant sept mois et demi, sept moutons, du poids de 35 kil. l'un, à raison par jour et par tête d'une quantité d'herbe qui équivaut à 800 gr. de foin sec, produit ainsi, indépendamment du fumier, des valeurs animales qui, en échange des 1,260 kil. de foin consommés, font toucher à l'exploitant une somme de 38 fr. nette des frais de supplément de nourriture à la ferme et autres.

La part de fumier envoyée aux terres cultivées par l'hectare de pâture a été de 1,800 k. résultant de 900 kil. de déjections reçues à la bergerie sur un poids égal de litière de chaux hydratée et de terre brûlée d'écobuage, qui a conservé à la masse, et pendant très-longtemps, une richesse égale à celle d'un bon fumier normal d'étable au moment où on le sort de l'écurie.

Le mouton, qui a transformé l'herbe en valeurs que le morcellement rend chaque jour plus rares et plus chères, a transporté lui-même ces valeurs au marché.

Ne sont-ce pas là des produits obtenus à

aussi peu de frais que ceux des domaines à étangs, au moins aussi élevés dans le présent, et qui en laissent espérer dans l'avenir de plus considérables encore, alors qu'ils seront portés à leur maximum par la double influence d'une alimentation plus variée et plus abondante et d'un excellent choix d'animaux consommateurs ?

La haute valeur de ces produits, en payant et le fourrage consommé et les frais de cette consommation, diminuera tellement le prix de revient des fumiers que l'excédant d'engrais, auquel on devra bientôt 30 hectolitres de blé par hectare au lieu de 10, sera presque gratuit pour cette production ; et quel ne sera pas le bon marché relatif de celle-ci, puisqu'elle n'aura à supporter que le tiers des frais de fermage, d'impôt, de labours, de hersages, de semences et d'ensemencement qui grevaient la même quantité de blé quand, *faute de fumure suffisante*, une surface de trois hectares était nécessaire pour la produire.

Nous avons donc droit de dire que la marche conseillée est la seule qui, par l'épargne des frais et l'augmentation incessante des profits, puisse amener le desséchement général des étangs en leur enlevant leur raison d'être.

Demander les mêmes résultats à la culture qui, après les avoir supprimés, bâtira tout d'abord de nouveaux centres d'exploitation, se donnera de nouveaux laboureurs à payer et à nourrir, et cherchera principalement l'accroissement des céréales par l'augmentation des surfaces labourées, c'est donner à l'avenir le droit de ratifier l'anathème que les partisans des étangs tiennent aujourd'hui suspendu sur la tête des dessécheurs.

Le métayer actuel de la Dombes ne compte pas les journées que sa famille et lui consacrent à la culture du blé; ces journées ont cependant la valeur qu'obtient partout ailleurs la somme de travail qu'elles ont effectuée, et ont droit à la même rémunération. Si on les fait figurer au débit du blé, le compte de celui-ci, quand le défaut de fumure ne permet qu'une production de 10 hectol. à l'hectare, et quand le métayer est obligé de nourrir sur sa part les moissonneurs et les batteurs, constitue celui-ci en perte d'autant plus considérable qu'il cultive sans fumier ou avec peu de fumier une surface plus étendue.

Chaque hectare produisant 10 hectolitres, dont deux et demi tout au plus reviennent au métayer, en fait toucher trois au propriétaire, après prélèvement des semences et des frais de récolte et de battage. Nous voyons bien que celui-ci arrivera à obtenir six hectolitres au lieu de trois, en faisant labourer dans les mêmes conditions deux hectares au lieu d'un; mais, comme il aura par là même doublé la perte du métayer, que le petit capital dont celui-ci dispose sera sans rémunération, que le bénéfice et l'épargne qui eussent pu l'accroître au grand avantage du domaine deviennent impossibles, et que le propriétaire lui-même travaille à dépenser, sans idée de restitution suffisante, le capital d'engrais que renfermaient les friches pâturées et les étangs, nous ne saurions voir dans une telle manière d'opérer et en dehors de la question de salubrité des avantages qui puissent justifier leur suppression.

Nos conseils avaient besoin d'être étayés de l'autorité d'un ensemble de faits que leur généralité rendît incontestables. C'est pourquoi nous entreprîmes en 1839 un voyage dans l'Allemagne du Nord pour y recueillir, dans vingt-six exploitations du Brandebourg, de la Silésie, de la Poméranie, du Mecklembourg et du Holstein, la preuve que *partout* le temps, l'herbe et les troupeaux peuvent amener la terre la plus pauvre et la plus dépeuplée à la possession du capital de fécondité et d'argent qui rendra bientôt possible la culture la plus active et la plus riche.

C'eût été un bonheur et un devoir pour nous, qui devions tant à l'obligeance des propriétaires allemands, de publier de suite le résultat d'études qu'avaient rendues faciles leurs communications pleines de faits. Mais dans ce même moment, et depuis cette époque, notre vie s'est consumée dans les terribles difficultés sans cesse renaissantes d'une entreprise qui, dès ses premiers pas, se voyait frustrée *du capital promis*, et qui se trouvait chargée, *sans les compensations stipulées*, d'un service d'intérêt foncier qui lui faisait son fermage triple de celui que payait auparavant la terre et qu'eût pu facilement acquitter une culture semi-pastorale.

C'est à cette culture et aux soins de son établissement dans les conditions qui la rendent partout possible et profitable en Dombes que nous allâmes demander le repos, quand nous pensâmes avoir achevé et consolidé à la Saulsaie ce qui constituait l'œuvre d'intérêt général, et que l'avenir de 70 hectares de prairies arrosées, dont nous nous étions dès longtemps proposé l'établissement, nous parut assuré par l'importante allocation que nous avions sollicitée et obtenue pour leur drainage préalable.

C'était le moment où cette amélioration de premier ordre préoccupait vivement les riches propriétaires de Dombes; il était urgent, dans l'intérêt de cette malheureuse contrée, que les premiers efforts tentés pour la régénérer fussent couronnés d'un plein succès; c'est pourquoi, toujours dans la pensée qu'aucune autorité n'est plus imposante que celle du fait accompli, nous nous décidâmes à aller une seconde fois en Angleterre pour y constater la situation qu'aura bientôt fait à tout un royaume non pas seulement le dessèchement du sol, mais la simultanéité de ce dessèchement et des fortes fumures, c'est-à-dire l'élévation de la puissance et de la richesse du sol à leur plus haute expression.

Dans cette voie, le drainage, qui ouvrira aux influences atmosphériques une terre toujours abondamment approvisionnée des substances alimentaires que ces influences doivent rendre solubles, sera la plus puissante et la plus profitable des améliorations des temps modernes.

Dans la voie contraire, alors que le draineur exploitant ne prend souci que de la perfection et de la multiplicité des labours qu'il se propose d'exécuter en vue des céréales qu'il croit pouvoir impunément exiger, le drainage, devenu instrument merveilleusement actif d'*épuisement*, ne sera qu'une dépense à peu près inutile au présent, et, dans certains cas, funeste à l'avenir.

Si un peu de repos, douloureusement acheté

nous laisse espérer de pouvoir bientôt, dans l'intérêt de la Dombes et des contrées arriérées comme elle, publier ce que l'étude et l'expérience nous ont enseigné, nous ne voulons pas tarder d'un jour de signaler à ses propriétaires l'écueil contre lequel un invisible courant semble porter leur bon vouloir.

La régénération de cette contrée demande plus d'un effort, et c'est du plein et entier succès obtenu par le premier que dépendent tous les autres.

Qu'ils drainent, et drainent beaucoup, comme nous les y invitons par notre exemple; mais que les préoccupations de l'établissement de la culture qui seule peut payer les intérêts et bientôt couvrir les frais de cette amélioration accompagnent la sollicitude qu'ils apportent au drainage lui-même.

Qu'ils mettent à profit l'expérience des habiles fermiers, qui, prenant le maigre pâturage pour point de départ, en sont arrivés, sous le ciel brumeux et sur le sol aride d'Écosse, à montrer partout les navets de Flandre et les marchites milanaises au milieu de productions de blé de 40 hectol. à l'hectare.

La Grande-Bretagne, hors ses alluvions à l'embouchure des fleuves, aurait de la peine à montrer, sur une surface de 10,000 hectares, une terre ayant la profondeur et l'homogénéité de celle qu'offre partout la Dombes sur son plateau de 100,000 hectares.

Nous l'avions visitée en juillet et août 1842, afin d'étudier le drainage qui commençait à s'étendre d'une manière régulière sous l'influence des enseignements de M. Smith, de Deanston, qu'il nous fut donné de voir et d'entendre à cette époque à la grande réunion agricole de Bristol.

Nous y sommes retourné au mois de mai 1853; M. Dehansy, chargé par le gouvernement français d'étudier dans les trois royaumes unis tout ce qui se rapportait à cette amélioration, et qui revenait à cet effet en Angleterre pour la seconde fois, nous avait permis de nous joindre à lui. Nous ne dirons jamais assez combien nous avons eu à nous louer de son obligeance et de quelle utilité nous ont été les rapports que déjà il avait noués avec les fermiers ingénieurs draineurs, qui, dans les différents comtés, ont pour mission de diriger les opérations du drainage, et de faire obtenir les fonds de l'État à ceux qui les exécutent conformément à leurs instructions.

M. Dehansy était accompagné de son ami M. Eugène Risler, devenu récemment le précieux collaborateur du *Journal d'Agriculture pratique*, et qui, à cette époque, résidait en Angleterre, comme il avait résidé en Allemagne, dans le but unique d'ajouter aux connaissances dont il viendrait plus tard faire profiter son pays.

C'est là, que dans de longues causeries, provoquées par la vue de tant d'objets d'un intérêt puissant, il nous a été donné de connaître assez ce ferme et judicieux esprit, toujours marchant droit au vrai et à l'utile, pour pouvoir avancer résolûment que le bon marché du *Journal d'Agriculture pratique* date surtout de l'époque où ses nombreux abonnés apprirent à peu près en même temps et qu'ils auraient à le payer désormais 15 fr. au lieu de 12, et que M. Eugène Risler s'était chargé de leur faire connaître deux fois par mois tout ce que les publications agricoles, étrangères et françaises renfermaient de véritablement utile.

C'est l'Ecosse que nous avons voulu voir principalement, parce que là où les baux sont généralement de plus de quinze ans ce sont les fermiers qui drainent, et que le drainage, qui date de vingt-cinq ans, a déjà atteint les trois-quarts du sol cultivable, grâce à l'absorption faite par l'Écosse seule des trois quarts des 200 millions prêtés par le parlement.

Or, voici les résultats que nous pouvons donner comme positifs, attendu qu'ils ressortent d'un grand nombre de renseignements, toujours contrôlés les uns par les autres, et en outre par tous les faits de culture qu'il nous a été possible de constater.

Le drainage, dans un *bon état de culture*, augmente la production annuelle du blé de six hectolitres par hectare, ce qui, au prix de 17 fr. 40 c., qui était celui du marché d'Ayr à l'époque de notre exploration, fait une somme de 104 fr. 40 c.

Le fourrage pâturé succédant au blé donne un surplus de production de vingt-sept quintaux métriques, valeur foin sec, qui, à 4 fr., produit une somme de 108 fr. L'exactitude de cette dernière allégation ressort des informations suivantes :

Avant le drainage, c'est-à-dire dans une culture qui n'admettait que l'avoine et lui faisait immédiatement succéder un pâturage de cinq à six ans, l'hectare ne nourrissait que quatre moutons ou une vache; aujourd'hui, après drainage, et dans un assolement *que lui seul a permis*, assolement qui admet le blé à la suite de racines fortement fumées, et sème dans ce blé le fourrage, l'hectare de celui-ci nourrit dix moutons, qui, en cinq mois, atteignent un poids vivant de 70 kilog. par tête, et sont vendus au marché d'Ayr 38 schell. (47 fr. 88 c.), à raison de 4 schell.

les 8 livres anglaises, soit 5 fr. les 3 kilog., viande nette. La consommation journalière a été de 3 kilog. valeur foin sec; c'est donc, depuis le drainage, un surplus d'entretien de six moutons, soit neuf cents jours d'une tête à 3 kilog., soit 2,700 kilog. valeur foin sec, qui, à 4 fr. les 100 kilog., reproduisent bien la somme ci-dessus de 108.

On comprend qu'un surplus de production moyenne et annuelle de 106 fr. presque nette, puisqu'elle résulte bien plus de l'augmentation des fumures que de celle du travail, parvienne à couvrir les frais du drainage en trois ou quatre ans, comme cela nous a été attesté partout, c'est-à-dire dans les fermes *bien cultivées* et bien *fumées*, nous ne saurions trop le répéter.

On ne saurait comprendre une telle augmentation de valeur que sur des terres dont l'excès d'eau paralysait presque toutes les facultés, comme c'était le cas d'un pays de montagnes, à ciel brumeux et sur lequel tombe chaque année une grande quantité d'eau, lentement et difficilement évaporée.

Dans de telles conditions, voici quelle était la culture de l'Écosse avant le drainage :

1re année. Avoine produisant 25 hectol. par hectares.
2e année. — 25 —
3e, 4e, 5e, 6e 7e et 8e année. Pâturage nourrissant 4 moutons ou une vache.

Aujourd'hui que le drainage, exécuté à peu près partout, soutire constamment aux terres l'excès des eaux de pluie à mesure qu'elles tombent, voici à peu près quelle est la culture :

ASSOLEMENT DE 6 ANS SUIVI DANS *plusieurs* FERMES.

1re année. — *Racines* fumées à raison de 40,000 kilogr. à l'hectare, plus 75 kilogr. de guano et 80 kilogr. de phosphate acide de chaux ; production 70 tonnes, soit 70,000 kilogr.

2e année. — *Blé* produisant 14 quarters, soit $40^{hectol}.70$.

3e année. — *Racines*, même fumure, même produit que la première année.

4e année. — *Orge* ou avoine production........... { *avoine*, 24 quarters, soit $69^{hectol}.78$. *Orge*, 20 quarters, ou 58 hectol.

5e année. — *Trèfle* engraissant 10 moutons à 3 ou $3^{kil}.1/2$ par jour et par tête, soit 45 à 52 quintaux métriques valeur foin sec.

6e année. — *Blé*, même produit que la deuxième année.

ASSOLEMENT DE 5 ANS SUIVI DANS LA *plupart* DES FERMES.

1re année. — *Racines* avec fumure de 65,000 kilogr., et 150 kilogr. de guano.

2e année. — *Blé*.

3e année. — *Fourrage* fauché et pâturé.

4e année. — — —

5e année. — *Avoine* et *orge*, même production que dans l'assolement précédent.

Les chiffres de récoltes que nous venons de présenter comme conséquence du drainage et des fumures données aux cultures qui les produisent sont ceux que l'on obtient d'assolements qui embrassent la plus grande partie du domaine.

Mais voici, non moins exacts et non moins bien constatés, les chiffres de productions en ray-grass d'Italie obtenues de terres réservées, ordinairement rapprochées de la ferme, et sur lesquelles on peut, sans trop de dépense, verser de grandes quantités d'engrais liquide, soit après chaque coupe, soit après la semaille qui se renouvelle sur le même champ tous les deux ans, et quelquefois chaque année.

Chez M. Hervé, près de Glascow, sur terres drainées à 14 pieds de distance entre les drains et à une profondeur de 30 pouces.

Étendue semée et traitement. Sept hectares et demi de ray-grass d'Italie occupant toujours la même place, mais labouré et ressemé tous les ans, gardé pendant six mois seulement chaque année.

Production. Trois coupes par an, en vert :

La 1re de 20 tonnes......	20,000 kil.
La 2e de 18 tonnes......	18,000
La 3e de 18 tonnes......	18,000
Total...........	56,000 kil.

Fumure. En engrais liquide, composé de

deux parties d'eau, d'une partie d'urine et d'excréments solides liquéfiés, et de trois parties de résidus clairs de distillerie, de problématique richesse, et que l'on n'envoie dans les fosses que parce qu'il est défendu de les laisser couler au dehors.

Arrosement dix jours après la semaille, et une fois après chaque coupe, c'est-à-dire quatre fumures liquides, chacune d'environ 8,000 galons, soit 360 hectolitres par hectare, ce qui représente une fumure totale annuelle de 1,440 hectolitres.

Mais il y a une grande déperdition de l'engrais en raison de la nature compacte du sol et de sa très-grande pente.

Chez M. Ralstone, à Leg, près d'Ayr, drainage profond sur tout le domaine.

Etendue semée et traitement. Ray-grass d'Italie, semé seul sur 10 hectares, labouré et ressemé tous les deux ans, quelquefois au bout d'une année.

Production. Quatre à cinq coupes par an.

Les dix hectares entretiennent à l'engrais, pendant cinq mois, 80 bœufs du poids vivant moyen de 500 kilog. Leur consommation journalière en herbe est évaluée par tête à 17 kilog. valeur foin sec. On lui ajoute 1k.10 de tourteau. L'hectare nourrit ainsi 8 bœufs pendant 150 jours, soit fournit pour l'entretien de 1,200 jours d'une tête, à 17 kilog. l'une, une nourriture égale à 20,400 kilog. valeur foin sec.

Fumure. En engrais liquide composé d'une partie d'urine et excréments solides liquéfiés, et de trois à quatre parties d'eau, suivant qu'il fait moins ou plus chaud. Arrosement une ou deux fois après chaque coupe et quelques jours après la semaille.

Cinq arrosements par an, chacun de 9,000 galons, soit de 405 hectol.; ce qui porte la fumure totale par année à 2,025 hectol. par hectare. M. Ralstone met quelquefois du guano avant d'arroser.

Chez M. Kennedy, ferme de Myer-Mill, près d'Ayr.

Tout le domaine, drainé d'abord à 18 et 20 pouces de profondeur, puis à 3 et 4 pieds.

Étendue semée et traitement. Trente-cinq hectares en ray-grass d'Italie labouré tous les ans et ressemé de suite.

Production. Quatre à cinq coupes par an, d'avril en octobre, chacune de 18 à 20 tonnes par hectare, soit en tout 85 tonnes, 85,000 herbe verte.

L'hectare, qui, par la culture ordinaire sur drainage et sur pâturage d'herbe verte mélangée, engraissait 10 moutons ou 1 bœuf, engraisse maintenant, pendant cinq mois, 40 moutons de race dishley et de la plus grande taille. La consommation journalière, et par tête, de ces moutons, est estimée égale à 3k.1/2 valeur foin sec. L'hectare, qui entretient ainsi pendant 150 jours, 6,000 jours d'une tête à 3k.1/2, produit en tout 21,000 kilog. valeur foin sec, qui supposent un produit en vert de 84,000 kilog.

Chez M. Kennedy, un champ avait donné 4 coupes de 20 tonnes chacune, soit 80,000 k°., et en plus un regain pâturé par les moutons, d'une valeur estimée à 60 fr. l'hectare.

Fumure. Avec engrais liquide, composé en été d'une partie d'urine et de 3 à 5 parties d'eau, et en hiver, alors que la terre est saturée d'eau, de moitié eau et moitié urine.

Cinq fumures par an, chacune de 9,600 galons, soit de 432 hectolitres par hectare, ce qui porte la fumure totale et annuelle d'un hectare à 2,160 hectolitres.

On ajoute quelquefois du guano avant d'arroser ; environ 150 kilog. par hectare et par an.

Chez M. Telfer, ferme de Kanning-Park, près d'Ayr, sable très-perméable, dans lequel l'eau de mer s'infiltre à la marée haute. Le domaine est drainé partout, mais l'eau ne s'écoule qu'à la marée basse.

Étendue semée et traitement. Trois et demi

hectares en ray-grass d'Italie, occupant la même place depuis huit ans, rompu et ressemé tous les deux ans.

Production. Cinq coupes par hectare, de 18 tonnes chacune, soit 90,000 kilog. vert par hectare.

Les trois et demi hectares entretiennent très-bien pendant 180 jours un taureau et 48 vaches de la petite et excellente race d'Ayr, recevant chacune, indépendamment de un kil. tourteau ou farine, 38 kilog. d'herbe verte.

Les trois et demi hectares qui entretiennent ainsi, pendant 180 jours, 8,820 jours d'une tête à 38 kil., produisent 335,160 kil. vert, soit par hectare 95,700.

Un hectare 75 ares ont nourri pendant 4 mois (120 jours) 36 vaches à 38 kilog. par tête. Un entretien de 4,320 jours d'une tête à 38 kilog. donne une consommation totale de 16,460 kilog. herbe verte pour un hectare 75 ares, et pour un hectare 94,000 kilog. rond.

Fumure. Engrais liquide, composé d'une partie d'urine et de 4 parties d'eau.

Cinq fumures par an, composées chacune de 10,000 gallons, soit 450 hectolitres par hectare, ce qui représente une fumure totale de 2,250 hectolitres par an.

Avant l'irrigation, l'hectare reçoit souvent

150 kilog. guano par année, ou bien, s'il fait très-chaud, 187 kilog. de nitrate de soude; dans ce cas la déliquescence de ce dernier engrais empêche la chaleur de nuire à l'herbe.

Une surface qui n'avait reçu que le guano sans arrosement ne nous montrait, le 27 avril, qu'une herbe rare, jaune, à peine haute de quelques centimètres, tandis que le ray-grass voisin qui avait été arrosé, après la fumure de même quantité de guano, était d'un vert foncé, d'une grande épaisseur et d'une hauteur de plus de 30 centimètres; ce qui a été pour nous la démonstration évidente du grand parti que l'on pourrait tirer pour la fumure de certains prés non pas seulement des engrais d'étable liquéfiés qui trop souvent ont l'inconvénient d'user et d'obstruer les tuyaux conducteurs, mais des engrais pulvérulents (guano, fumier de bergerie terreux, parcage, etc.), dont l'emploi immédiat après la coupe de l'herbe serait suivi d'une pluie *artificielle* d'eau ordinaire quand la pluie ordinaire ferait défaut.

Nous pensons, pour notre compte, pouvoir bientôt faire usage, sans trop de frais, de ce moyen infaillible de mettre sans perte, à la portée des racines des plantes de quelques réserves de prés, l'engrais qui aura été fait pour elles.

Monsieur Caird, cité par M. Léonce de Lavergne, dans son livre, si admirablement fait, sur l'économie rurale de l'Angleterre, mentionne dans une exploitation de l'Ouest-Riding 120 ares de ray-grass d'Italie, qui nourrissent six chevaux de trait et cinq bœufs, consommation qui permet, dit-il, d'estimer la production totale en vert, par hectare, à 100,000 kilog. d'herbe verte.

Mais nous ne voulons donner ici que les résultats de nos propres observations.

De tous les renseignements que nous avons pu recueillir il résulte positivement que le ray-grass d'Italie, consommé vert et fumé avec de l'engrais liquide, est plus nourrissant que l'herbe fournie par la culture ordinaire.

Les vaches de M. Telfer n'ont pas d'autre nourriture pendant l'été que celle du ray-grass, et leur beurre se vend constamment à Ayr 12 shellings les 12 livres, tandis que pour les beurres provenant des pâturages ordinaires le prix est de 11 shellings.

De tout ce que nous avons vu et entendu, nous ne pouvons pas estimer à moins de 25 kilog., valeur foin sec, 100 kilog. d'herbe verte.

Résumé des quantités de ray-grass obtenues au moyen de certaines quantités d'engrais liquide, contenant en moyenne une partie d'excréments solides et liquides et quatre parties d'eau.

	Kil.
Chez M. Hervé. Pour 1440 hectol. d'engrais liquide, 56,000 kilogr. ray-grass vert, valant sec.....................................	14,000
Chez M. Ralstone. Pour 2025 hectol. d'engrais liquide, 81,600 kilogr. ray-grass, soit en sec	20,400
Chez M. Kennedy. Pour 2160 hectol. d'engrais liquide et 150 kilogr. guano, 84,000 kilogr. vert, valant foin sec..........................	21,000
Chez M. Telfer. Pour 2250 hectol. d'engrais liquide et 150 kilogr. guano, 90,000 kilogr. vert, valant foin sec..........................	22,500

Moyenne des trois dernières observations ayant porté sur des situations normales.

	Kil.
2145 hectol. d'engrais ont produit par hectare 85,200 kilogr. vert, valant sec.............	21,300

Soit un quintal métrique foin sec par mètre cube d'engrais.

Antérieurement au drainage et aux fortes fumures qu'il rend possibles et profitables, l'ancienne culture d'Écosse n'obtenait de son pâturage de six ans que la nourriture de vingt-quatre moutons, soit l'équivalent de 10,800 kilogr. de foin sec à raison de 450 kilogr. par tête, ce qui représentait un produit annuel de 1,800 kilogr.; or aujourd'hui une seule année de production de cette même terre drainée et convenablement fumée présente une valeur de récolte douze fois plus considérable et égale à celle que l'ancienne culture n'obtenait que de douze années de pâturage.

Les contrées qui pour la fumure des prairies emploient sous le nom de *lisier* un engrais liquide contenant aussi quatre parties d'eau pour une de déjections, n'appliquent pas en général, par hectare et par an, plus de 400 hectolitres de cet engrais, soit le cinquième de la fumure liquide écossaise.

En fumant ainsi, elles obtiennent 4,300 kil. de foin ou son équivalent, mais il faut cinq années de production semblable pour retirer d'un hectare ce que l'Écosse obtient en une seule année ; il est vrai que cette production de cinq ans n'aura pas dépensé plus d'engrais que le ray-grass n'en absorbe en Écosse dans une seule année.

Sur une terre arable rétentive et non drainée ayant reçu pour cinq ans une fumure ordinaire d'étable de même richesse que celle employée pour le ray-grass en une année, la culture peut aussi dans le courant de ces cinq années, et grâces aux façons multipliées données à la terre, obtenir des récoltes de même valeur que la récolte annuelle de ray-grass sur un sol rendu perméable par le drainage; et cette production, qui s'explique par une consommation d'engrais proportionnelle, n'aura rien qui doive surprendre.

Mais ce qui peut et doit arrêter l'attention de quiconque se croit sage en s'en tenant aux fumures *ménagées*, c'est le résultat économique d'un mode de culture qui, sur une terre mise en état de recevoir et d'utiliser sans perte des fumures abondantes, s'est résolu à employer en un an, et tous les ans, l'engrais qu'il distribuait en cinq années, et de cet engrais obtient la même valeur de récoltes qui auparavant étaient le prix de cinq années de travail.

Si l'exploitant, économe d'engrais, retirait en cinq ans cinq récoltes de l'emploi d'une fumure réduite pour chaque année au cinquième de la fumure écossaise, ou bien de la même dose de fumier appliquée en une seule année pour cinq ans, ces cinq récoltes se trouvaient chargées des frais de *cinq* labours et hersages, souvent de *quatre* ou *cinq* ensemencements, de *cinq* années d'impôts, de *cinq* années de fermages, de *cinq* années d'intérêts du capital engagé, de *cinq* années de surveillance, etc.; tandis qu'aujourd'hui la valeur représentative des cinq récoltes obtenue sans plus d'engrais, mais en une année, n'a à supporter qu'*un* labour, qu'*un* ensemencement, qu'*un* impôt, qu'*un* fermage, qu'*un* intérêt du capital, qu'*une* année de surveillance.

Voilà comment le travail trouve salaire, voilà comment le fermier écossais fait aujourd'hui, et malgré le libre échange, plus de bénéfices avec du blé vendu à 17f40 l'hectolitre qu'alors que le même hectolitre valait 36 fr. sous l'empire de la protection.

Voilà comment, avec plus de bénéfice pour le fermier, il a suffi de quelques années pour faire remonter à son taux ancien la rente du propriétaire, que la liberté d'introduction avait d'abord fait baisser de 20 pour 100.

Mais quelle est donc la cause qui, s'associant aux fumures, a produit cet admirable résultat ? C'est le drainage, que l'on a su appliquer, avec toute la perfection de ses procédés, à une terre qui, sans cesse pleine d'eau, ou durcie par l'évaporation de cette eau, était continuellement fermée à l'air et à la chaleur, et qui ne permettait l'introduction dans son sein de la somme d'influences atmosphériques nécessaire à l'utilisation d'une quantité donnée d'engrais qu'autant qu'elle était retournée pendant 5 à 6 années de suite.

Dans ces dernières conditions, le ray-grass d'Italie eût été vainement essayé, parce que c'est une plante qui est avide de fumier, et qui ne donne cinq à six coupes qu'autant que l'on met plusieurs fois la nourriture à la portée de son appétit cinq à six fois renouvelé. Ses inombrables racines, faisant touffes à la surface du sol, ne sauraient aller puiser bien profondément ; il leur faut l'engrais sous forme liquide, et immédiatement saisissable par leurs mille bouches béantes à la surface d'un sol perméable; mais dans les conditions ci-dessus, de terre pleine d'eau où durcie, celui qu'on eût essayé de lui donner aurait été perdu aux trois quarts. On l'eût vu couler sans cesse dans les raies séparatives des billons, et la forme même de ces billons saturés d'eau, d'octobre à mai, durcis pendant les autres mois, eût favorisé ce prompt écoulement.

Nous sommes d'autant plus sûr de dire vrai, que nous racontons notre propre histoire.

Longtemps avant que l'Écosse eût introduit dans ses cultures le ray-grass d'Italie, comme fourrage à faucher, nous le cultivions avec le plus grand succès dans les terres très-perméables du Bugey (département de l'Ain). Arrosé quatre fois d'engrais liquide, recueilli à cet effet dans une citerne voûtée qui séparait nos places à fumier, il donnait à nos bœufs d'engrais quatre coupes, avec lesquelles alternaient les coupes successives du maïs fourrage, semé de quinze jours en quinze jours.

La luzerne, d'une durée de quatre ans, le ray-grass d'Italie, conservé pendant deux ans, étaient nos moyens d'arriver à la production avec la plus grande épargne de main-d'œuvre possible; et comme nous habitions sur un territoire restreint, un village assez populeux, pour que de longs loisirs fussent laissés à ses habitants qu'aucune industrie étrangère ne sollicitait, nos cultures assez importantes de betteraves bien fumées se faisaient facilement et à peu de frais.

Quand, en 1840, nous transportâmes notre exploitation dans un pays de grande culture avec l'intention de nous livrer à la production animale que Lyon recherchait et payait bien, et que le morcellement interdisait à nos redoutables rivaux les petits cultivateurs, nous fîmes de suite, dans ce pays désert et à sous-sol imperméable, le sacrifice des racines, de la luzerne et du maïs; mais nous pensâmes que le ray-grass d'Italie, avec sa durée de deux ans et la possibilité que nous avions de lui donner des fumures liquides, pourrait trouver facilement sa place dans un assolement qui se proposait de faire beaucoup de fourrages, mais qui n'admettait qu'avec regret plusieurs labours chaque année.

La fumure liquide, la plus énergique de toutes, ne nous manquait pas, car nous avions acheté pour cinq ans, à Lyon, le sang d'abattoir, qui avant notre marché s'écoulait dans le Rhône.

A son arrivée à la Saulsaie, ce sang était versé dans de grandes fosses, que l'épaisseur et l'homogénéité si exceptionnelle du sol de Dombes nous avait permis de creuser de 4 mètres de profondeur sans rencontrer une autre nature de terre que celle qui de la surface au fond est imperméable par la ténuité de ses molécules siliceuses, et non par l'argile qu'elle ne contient que dans de faibles proportions.

Chacun de nos champs avait une de ces fosses creusée à l'endroit où la dépression du sol permettait d'y conduire, à l'aide d'une simple raie de charrue, l'eau que les pluies versaient sur les parties supérieures du champ. C'était la même eau qui, dans la culture ancienne, remplissait les étangs ; on doit comprendre qu'elle ne devait jamais manquer à nos réservoirs.

Le sang mêlé à l'eau fermentait, et les produits de cette fermentation étaient recueillis par elle ; les *caillots*, si coûteux à réduire à l'état liquide, s'y décomposaient sans frais, et nous avions ainsi à la portée de chaque champ, dans des fosses qui ne nous avaient coûté que les frais d'extraction des terres, un engrais liquide très-riche et d'un prix de revient infiniment moins élevé à richesse égale que celui que les habiles fermiers de la Grande-Bretagne devaient recueillir dix ans plus tard, dans des réservoirs maçonnés, ne recevant l'eau qu'à grands frais.

Tout allait à souhait ; la terre de Dombes,

sur laquelle une culture ordinaire, aidée de la chaux, faisait aisément succéder une production de vingt hectolitres de froment, valant 360 fr., à douze hectolitres de seigle, valant 144 fr., obtenait une magnifique levée de ray-grass et une première coupe passable, bien supérieure à celle que la terre d'Écosse eût pu donner dans des circonstances semblables.

Mais là devaient finir nos espérances; le sol, de nature imperméable, était façonné en planches disposées pour rejeter promptement l'eau des pluies dans leurs raies séparatives; le terrain de ces planches était, ou saturé d'eau, ou dur, et d'autant plus dur que le ray-grass y avait séjourné plus longtemps.

Dans ces circonstances, notre engrais liquide était tout entier pour les ruisseaux inférieurs dont il rougissait les eaux; nous dûmes en abandonner l'usage et renoncer au ray-grass, ainsi qu'aux bénéfices qu'il nous eût certainement donnés dans une terre perméable, ou rendue perméable par le drainage.

Ce n'est pas le moment de dire ici comment, deux années avant l'expiration du marché qui nous avait rendu adjudicataire du sang des boucheries de Lyon, nous avions trouvé moyen de l'utiliser en le broyant avec des terres sorties brûlantes d'un four à réverbère que chauffaient les racines de nos défrichements.

Cette poudre, avant d'être mise en tas, était soupoudrée de poussier de charbon de bois, destiné à fixer l'ammoniaque dans ses pores; c'était là un excellent engrais, très-maniable, qui se fût facilement mêlé à la poudre que faisaient nos jachères d'été pour les semailles de vesces d'hiver, appelées à succéder au ray-grass. Malheureusement, quand nous l'eûmes trouvé, et commencé à en faire usage, une adjudication nouvelle des sangs portait au prix de 11,000 fr. ce que nous avions eu pour 2,500 fr.; nous dûmes, en raison des frais de transport, le céder à l'industrie qui l'employait sur place.

Autre circonstance fâcheuse qui venait nous assaillir au milieu de tant d'autres; autre force brisée entre nos mains, au moment où précisément, dans l'*intérêt de l'Institut* que nous avions fondé, nous venions de doubler notre domaine cultivable par la prise de possession de vastes étangs dont l'insalubrité faisait un hôpital de la Saulsaie. Nous n'eussions jamais pu parvenir à nous délivrer de ces étangs et des fièvres qu'ils engendraient, si nous ne nous fussions pas chargé de leur culture pour le compte des nouveaux propriétaires entre les mains desquels nous les avions fait passer.

Mais combien cette culture nous eût été facilitée si, à cette époque, nous avions disposé des moyens de fumure abondants et à bon marché que nous auraient certainement donnés les récoltes de ray-grass bien réussies et employées comme fondement d'une culture fourragère étendue.

Quelle cause a produit l'insuccès de ces cultures? l'excès d'eau de pluie retenue dans l'intérieur de notre sol, et l'ignorance où nous étions encore, avec bien d'autres, des merveilleux effets du drainage.

Nous disposions des moyens d'alimentation que réclamait l'appétit des diverses plantes conviées à faire partie de nos cultures; mais le sol dans lequel nous les avions fait croître se refusait à admettre cette nourriture pendant une grande partie de l'année; dès lors, végétation languissante, développement incomplet et bientôt arrêté de la plante sur laquelle nous avions fondé tant d'espérances; et dès lors aussi, perte de l'argent consacré à l'acquisition de l'engrais, *faute du travail* qui devait permettre à cet engrais de produire tout son effet utile.

Le résultat eût été le même si, manquant de la nourriture destinée aux plantes, nous n'avions eu que le sol perméable, mais appauvri, qui devait les produire, et si nous eussions entrepris, faute d'engrais, de chercher la production par le travail seul, c'est-à-dire par le drainage, par les défoncements, etc., etc.; ici encore perte des sommes consacrées au travail, *faute de la fumure* que réclamait la production attendue. Ce qu'il faut donc, c'est l'association, la simultanéité de deux choses dans le sol à cultiver:

Sa *richesse* en aliments des plantes.

Sa *puissance*, c'est-à-dire, son aptitude à recevoir et à retenir dans une juste mesure les influences atmosphériques par lesquelles ces aliments deviennent solubles à propos.

Forte *richesse*, *puissance* élevée donnent maximum de *fécondité* dans les circonstances les plus ordinaires. Ce sont les fourrages qui créent la richesse.

De tous les moyens aujourd'hui connus pour rendre puissante une terre de bonne qualité, mais rétentive, aucun ne surpasse en efficacité le drainage; lui seul rend possibles, économiques et profitables toutes les opérations de culture destinées à augmenter cette puissance.

Les fermiers de la Grande-Bretagne ont eu ce bonheur que l'opération du drainage, avec sa perfection théorique et pratique de procédés, leur a été offerte au moment même où, par une longue suite d'années de culture intelligente, ils étaient devenus *riches* sur une terre *enrichie* de longue main; c'est à l'aide du travail facilement payé et des engrais abondants dont leur sagesse avait fixé la source intarissable dans leurs domaines qu'ils ont pu arriver à cette transformation de sol que nous admirons, mais qui ne doit pas nous décourager quand nous nous rappelons leur point de départ.

La Dombes jouit d'un sol et d'un climat bien meilleurs que ceux de l'Écosse; ses fonds d'étangs, fermés jusqu'à ce jour aux influences atmosphériques qui mettent la nourriture à la portée des plantes, sont de riches réserves d'engrais *non dépensé*. Cet engrais qui ne coûtera que les intérêts annuels du drainage qui va le rendre disponible peut suffire à fonder la production fourragère par laquelle deviendront possibles des cultures qui bientôt n'auront rien à envier à celles de l'Écosse.

Qu'elle se garde donc de s'interdire à elle-même un si brillant avenir par des exigences imprudentes que son inexpérience est tentée trop souvent d'appeler *progrès;* que déjà en drainant elle s'occupe des *moyens d'engrais* sans lesquels le drainage serait une *force perdue*.

FIN.

Paris. — Typographie de Firmin Didot frères, rue Jacob, 56.

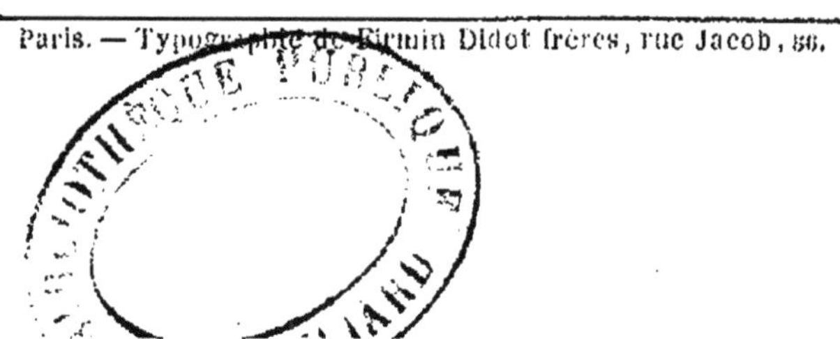

CATALOGUE

DE LA

LIBRAIRIE AGRICOLE

DE LA MAISON RUSTIQUE.

DUSACQ, RUE JACOB, N° 26, A PARIS.

DIVISION DU CATALOGUE :

Juillet 1855.

AVIS.

Tous les ouvrages d'agriculture et d'horticulture publiés à Paris, et presque tous ceux publiés en France et à l'étranger, se trouvent à la *Librairie agricole.*

Les commandes au-dessus de 20 francs sont expédiées *franco* au domicile du demandeur, s'il se trouve sur le parcours des chemins de fer ou des messageries générales; dans le cas contraire, la commande est expédiée *franco* à la station du chemin de fer ou des messageries la plus rapprochée du domicile.

Les commandes au-dessus de 50 francs sont expédiées *franco* et le demandeur jouit, en outre, d'une remise de 10 pour 100.

On expédie aux mêmes conditions tout livre demandé.

Outre les livres dont le titre figure sur ce catalogue, la *Librairie agricole* possède un grand nombre d'anciens ouvrages sur toutes les parties de l'agriculture et de l'horticulture.

On ne reçoit que les lettres affranchies.

ABRÉVIATIONS.

B. J., lisez *Bon Jardinier.*
Col., — *coloriées.*
M. R., — *Maison Rustique.*
Grav., gr. — *gravure.*
Pag., p., — *page.*
Pl., lisez : *planche.*
T., — *tome.*
V., — *Voir.*
Vol., v., — *volume.*

Paris. — Imprimerie d'E. Duverger, rue des Grès, 11.

1. — AGRICULTURE, ÉCONOMIE RURALE.

Administration rurale. Voir *Maison Rustique*, t. IV.

Agriculteur commençant (*Manuel de l'*); par SCHWERZ, traduit par VILLEROY, 4e édit. 1 vol. de 332 pages in-12. . 1 75

Agriculteur praticien (*L'*); par Victor REY, président de la Société d'agriculture d'Autun. 1 vol. in-12 de 382 pag. 2 »

Agriculture (*Cours d'*); par le comte DE GASPARIN, membre de l'Académie des Sciences, ancien ministre de l'Agriculture. Cinq vol. in-8 et 233 gravures. 37 50

Agriculture (*Cours d'*) *théorique et pratique*, et chaulages de la Mayenne; par JAMET, président du comice de Craon, ancien représentant du peuple. 1 vol. de 440 pages in-12. 3 »

Agriculture (*Cours complet d'*), d'économie rurale et de médecine vétérinaire; par MOROGUES, MIRBEL, PAYEN, GROGNIER. 4e et dernière édition, 18 vol. in-8 et 4,000 sujets gravés. 80 »

Agriculture (*Eléments d'*); par BODIN, directeur de l'école d'agriculture de Rennes. 2e éd. 1 vol. in-12 de 324 pag. 1 60

Agriculture (*Influence exercée par les croisades sur l'*) au moyen âge; par G. HEUZÉ, professeur d'agriculture à l'Ecole impériale d'agriculture de Grignon. 24 pages in-8. . . . » 60

Agriculture (*Introduction au cours classique d'*); par GOSSIN, professeur d'agriculture à Compiègne. In-8 de 16 pages. » 50

Agriculture (*Manuel populaire d'*) à l'usage des cultivateurs d'Argentan; par DE VIGNERAL. In-8 de 92 pages 1 25

Agriculture (*Mélanges d'*), *d'économie rurale et publique*, et de sciences physiques appliquées; par GIRARDIN, professeur de chimie à Rouen. 2 vol. in-12. . . . . 10 »

Agriculture (*Petit Traité élémentaire d'*); par BERTHEREAU DE LA GIRAUDIÈRE. 1 vol. in-18 de 250 pages. . . . . 1 »

Agriculture allemande (*L'*), ses écoles, son organisation, ses mœurs et ses pratiques; par ROYER, inspecteur général de l'agriculture. 1 vol. grand in-8 de 542 pages. 7 50

Agriculture délivrée (*L'*). Moyens faciles pour retirer de la terre plus de revenu qu'elle n'en rapporte généralement; par Eugène GROLLIER, avocat. 1 vol. in-8 de 308 pages. . 7 »

Agriculture de l'Ouest de la France; par Jules RIEFFEL. 1843 à 1847. Cinq volumes in-8. . . . . 25 »

Agriculture du centre. Moyen de supprimer la jachère et de créer rapidement une grande quantité de fourrages dans les sols siliceux; par CANCALON. 172 pages in-8. . . . . 2 50

Agriculture élémentaire, *théorique et pratique*. Livre de lecture à l'usage des écoles primaires rurales; par LAGRUE. Ouvrage couronné par la Société d'agriculture de Nancy. 5e édition, 1 vol. in-12 de 292 pages, avec gravures. . . 1 25

Agriculture en France (*De l'*), d'après les documents officiels; par MOUNIER et RUBICHON. 2 vol. in-8. . . . . 15 »

Agriculture en Sologne (*De l'*); par CH. JOUBERT et ISAAC CHEVALIER, cultivateurs. 1 vol. in-8 de 300 pages. . . . 5 »

Agriculture française, par les Inspecteurs généraux de l'Agriculture ; publiée par ordre du ministre de l'agriculture. Départements publiés : Aude, Côtes-du-Nord, Haute-Garonne, Isère, Nord, Hautes-Pyrénées, Tarn. Chaque volume. . 4 50
Les sept volumes . . . . 28 »

Agriculture française (*Etudes économiques sur l'*) et sur les moyens de la développer ; par H. DE VILLENEUVE, inspecteur général de l'agriculture. In-8 de 176 pages . . . 3 »

Agriculture populaire; par maître Jacques BUJAULT, laboureur à Châloue. 1 vol. in-12 de 540 pages. 1 75

Agriculture pratique (*Cours complet d'*); par BURGER, RHOLWES, RUFFING, traduit par NOIROT; Mûriers, Vers à soie; par BONAFOUS. 1 vol. de 852 pages in-4° et 80 gravures. 10 »

Agriculture pratique (*Manuel d'*); par le comte Louis DE VILLENEUVE, présid. de la Soc. d'agr. de Castres. 2 v. in-8. 7 50

Agriculture *proprement dite*. 576 p. in-4 et 776 grav. 9 »
Forme le 1er volume de la *Maison Rustique*.

Agromanie empirique (*Préservatif d'*). Lettres à un cultivateur débutant; par le marquis de TRAVANET. Un vol. in-8 de 410 pages. . . . . 5 »

Agronomie (*Principes de l'*); par DE GASPARIN, de l'Académie des sciences, ancien ministre. 1 vol. in-8 de 284 pages.. 3 75

Algérie (*Agriculture et colonisation de l'*); par MOLL, professeur d'agriculture au Conservatoire des arts et métiers. 2 vol. in-8, avec 100 gravures. 7 »

Algérie (*Culture du Coton, de l'Olivier et du Pavot somnifère en*) ; par MM. HARDY et MAFFRE. 2 broc. in-8 de 71 p. 1 50

Allemagne. Voir *Agriculture allemande*, page 3.

Almanach du Cultivateur (1855); par les Rédacteurs de la *Maison Rustique du* 19e *siècle*. 2e série, 1re année. Un vol. in-18 de 192 pages et 56 gravures. . . . . » 50
La première série onze années, 1844 à 1854, chacune . . » 75

Almanach agricole. Calendrier complet du cultivateur ; par P.-Ch. JOUBERT. 1846. In-12 de 170 pages. . . . . . » 50

Alucite des céréales, ses ravages et moyens de les faire cesser ; par DOYERE, ancien professeur à l'Institut agronomique de Versailles. 110 pag. in 4, gravures et 3 planches. 3 50
Fait partie des *Annales de l'Institut agronomique de Versailles*.

Angleterre, Écosse, Irlande. Voir *Économie rurale*. — *Cultivateur anglais*. — *France et Angleterre*.

Animaux et insectes nuisibles. Voir *M. R.*, t. I.

Annales agricoles de Roville; par MATHIEU DE DOMBASLE. Neuf volumes in-8 . . . . 61 50
Les tomes I, II, III, IV et VII se vendent séparément. 7 50
Les tomes V, VI, VIII, IX . . . . 6 »

Annales de l'Institut agronomique de Versailles. — Recueil de Mémoires, de Notices, d'Observations et de Recherches sur l'Enseignement agricole et la Culture. — Un vol. in-4° de 418 pages, avec planches et cartes. . . 3 50

Annuaire de l'Institut des provinces et des congrès scientifiques. 1852. 1 vol. in-12 de 456 pages et gravures. . . . 3 50

Arithmétique. Voir *Bibliothèque du Cultivateur,* page 5.

Association agricole (*Histoire de l'*), et solution pratique, par Bonnemère. Ouvrage couronné par l'Académie de Nantes. 1 vol. in-12 de 166 pages 1 50

Assolements. Voir *M. R.*, t. I et IV.

Attelages (organisation et service des). Voir *M. R.*, t. II et IV.

Bail à ferme et à cheptel. Voir *M. R.*, t. IV.

Bêtes de rente (organisation du service des). Voir *M. R.*, t. IV.

Betteraves. Voir *M. R.*, t. II et III.

Betteraves. Nouvelle manière de les cultiver et de les récolter; par Midy, ingénieur civil. In-8 de 48 pages. . . . » 50

Betteraves (*Traité pratique de la culture des différentes espèces de*), procédé pour les conserver par la dessiccation, etc.; traduit de l'allemand, par Sarrazin. 96 pages in-8. . . . 2 »

Bibliothèque du Cultivateur, publiée avec le concours du Ministre de l'Agriculture; 13 volumes sont en vente à 1 fr. 25 c. le volume in-12, savoir :

Eleveur de Bêtes à cornes, par Villeroy. 2e édition, 438 pages et 60 gravures.

Arithmétique et Comptabilité agricoles, contenant 700 Problèmes d'agriculture, Tables de réduction des mesures, Rapports agricoles, Comptabilité, Modèles de livres, etc.; par Lefour, ancien fermier, inspecteur général de l'agriculture. 268 pages et 12 gravures.

Géométrie agricole, contenant des Principes de Géométrie démontrée par un procédé matériel, Mesurage, Arpentage, Cubage, Nivellement, Jaugeage, Table des carrés et des cubes, Table du poids des animaux, des logarithmes, etc.; par Lefour. 220 pages et 150 gravures.

Sol et engrais, contenant la culture générale, les engrais et amendements divers; par Lefour. 204 pages et 36 gravures.

Oiseaux de basse-cour et Lapins, par Mme Millet-Robinet. 3e édition. 204 pages et 11 gravures.

Fermage (Estimation, Plan d'amélioration, Baux), par de Gasparin. 2e édition, 384 pages.

Métayage (Contrat, Effets, Améliorations), par de Gasparin. 2e édition, 166 pages.

Houblon, par Erath, traduit par Nicklès. 136 pag. 22 grav.

Le Pêcheur à la mouche artificielle et à toutes Lignes, par de Massas. 204 pages et 27 gravures.

Conservation des Fruits, par Mme Millet-Robinet. 180 pages.

Économie domestique, par Mme Millet-Robinet, 232 pages.

Animaux domestiques, ou Zootechnie générale, hygiène, extérieur du cheval; par Lefour. — I. — 180 pages et 55 grav.

Animaux domestiques. Elevage, entretien, utilisation du cheval, de l'âne, du mulet; par Lefour. — II. — 220 pages et 89 grav.

Solution des Problèmes d'Arithmétique et de Géométrie rectifiés; par Lefour et Dusuzeau. In-12 de 36 pages. . . » 75

Bornage. Voir *M. R.*, t. IV.

Calendrier du bon Cultivateur; par MATHIEU DE DOMBASLE. 9e édition. 1 vol. in-12 de 866 pages et 5 planches. 4 75

Cartes agricoles communales, topographiques, géologiques, parcellaires, culturales et statistiques; par J.-B. RICHARD et L. RICHARD DE JOUVANCE, ingénieurs-géomètres.

<table>
<tr><td rowspan="5">En vente.</td><td>Commune de Trappes.</td><td rowspan="5">Seine-et-Oise,</td></tr>
<tr><td>— de Thiverval-Grignon.</td></tr>
<tr><td>— de Dampierre.</td></tr>
<tr><td>— de Wissous et Paray.</td></tr>
<tr><td>— de Palaiseau.</td></tr>
</table>

La collection statistique de chaque commune se compose de quatre cartes qui représentent spécialement: 1° la topographie, 2° l'état de la culture, 3° le classement du sol cultivé, etc., 4° la géologie (sous-sol). La carte topographique seule reste noire; les trois autres sont entièrement coloriées. Carte noire. 2. — Carte coloriée. . . . . 6 »

Carte agricole de la commune de Palaiseau. Notice statistique; par L. RICHARD DE JOUVANCE. In-8 avec 1 carte. 2 50

Catéchisme agricole, par VAN DEN BROEK. 120 pag. in-12. 1 »

Céréales. *Froment, Seigle, Orge, Avoine, Sarrasin, Maïs;* Culture, récolte, transport, conservation. Voir *M. R.*, t. I.

Céréales (*Conservation des*). Voir *Alucite*, page 4.

Chaulage. Voir *Amendements*, p. 14. — Voir *M. R.*, t. I et III.

Colonies agricoles (*Etudes sur les*) de mendiants, jeunes détenus, orphelins et enfants trouvés de Hollande, Suisse, Belgique, France; par DE LURIEU et ROMAND, inspecteurs généraux des établissements de bienfaisance. In-8 de 462 pages . 7 50

Colonies agricoles; par HUERNE DE POMMEUSE. 1 vol. in-8 de 940 pages, avec tableaux et planches. 7 50

Colonisation. Voir *Algérie*, page 4.

Comices (*Guide des*) *et des Propriétaires;* par maître Jacques BUJAULT, laboureur à Chaloue. In-12 de 72 pages. . . . » 25

Comptabilité agricole. Voir *M. R.*, t. IV.

Comptabilité agricole (*Traité de*), contenant: 1° l'exposition de la théorie des parties doubles, avec modèle du journal et du grand livre; 2° l'application de cette méthode à l'industrie agricole, avec journal et grand livre; 3° les modèles et explications des tableaux à ouvrir sur l'auxiliaire général, seul registre auxiliaire de la comptabilité agricole; par Edmond DE GRANGE. 1 vol. in-8 de 320 pages et tableaux. . 5 »

Auxiliaire général, Registre pour la comptabilité agricole. La main de 24 feuilles in-fol. réglées. 2 50. — La main in-4. 1 25

Comptabilité agricole (*Petit traité de*) *en partie simple;* par Edmond DE GRANGE. 1 vol. in-8 de 80 pag. et tableaux. 1 75

Comptabilité agricole (*Agenda de*); par JOUBERT. In-4°, avec instruction in-12. . . . . 3 »

Congrès central d'agriculture, Compte-rendu et procès-verbaux des séances, publiés par la commission du Congrès. Chaque session, un volume in-8 . . . . 1 75

La collection complète, 1844 à 1851, Huit vol. in-8 . . 12 »

Congrès des agriculteurs du nord de la France. Session de Saint-Quentin (Aisne). 1 vol. in-8 de 200 pages . . . . . . » 75

Congrès général des agriculteurs du centre de la France. Session d'Aubigny (Cher). 1 vol. in-8 de 86 pages. . . . » 75

Conseils aux Agriculteurs sur l'art d'exploiter le sol avec profit; par DEZEIMERIS, ancien député. 3e édition considérablement augmentée. Un vol. in-12 de 654 pages. 3 50

Crédit agricole (*Lettre sur le*); par LANGLOIS. 36 pages. » 50

Crédit foncier et agricole (*Des institutions de*) dans les États de l'Europe; par JOSSEAU. Nouveaux documents publiés par ordre du ministre de l'agriculture. In-8 de 564 pag. 7 50

Cresson et Cressonnières. Voir *M. R.*, t. II.

Cultivateur améliorateur (*Guide du*); par E. LECOUTEUX, ancien directeur des cultures de l'Institut agronomique de Versailles. 1 vol. in-8 de 350 pages. . . . . 4 »

Cultivateur anglais (*Le*), Œuvres choisies d'agriculture et d'économie rurale; par Arthur YOUNG. 18 vol. in-8, 66 pl. 60 »

Cultivateur aveyronnais. Voir *Animaux domestiques*, p. 17.

Cultivateur (*Le*) du Bas-Armagnac. Manuel d'agriculture élémentaire et pratique pour le sud-ouest; par LACOMBE. Un vol. in-12 de 322 pages. 2 »

Culture *et naturalisation des végétaux;* par A. THOUIN, de l'Institut. 3 vol. in-8, et atlas de 65 planches in-4. . . 18 »

Culture sans engrais de Bickès; par Is. PIERRE. 20 pages. » 50

Cultures industrielles. Voir *M. R.*, t. II.

Cyclopedia of agriculture (*A*), practical and scientific; in which the theory, the art, and the Business of farming, are Thoroughly and practically treated; par John C. MORTON. 2 gros volumes in-4 cartonnés avec planches et grav. 115 »

Défrichements. Voir *M. R.*, t. I et IV.

Desséchements. Voir *M R.*, t. I.

Dictionnaire d'agriculture pratique, contenant tout ce qui se rattache à la grande culture, au jardinage, à la culture des arbres et des fleurs, à la médecine humaine et vétérinaire, à la Botanique, à l'Entomologie, à la Géologie, à la Chimie et à la mécanique agricole; par JOIGNEAUX, cultivateur, et MOREAU, docteur en médecine. 2 volumes grand in-8 à 2 colonnes, et 105 gravures. . . . . 18 »

Domaine rural (*Choix, estimation, acquisition, organisation, direction, location*, etc.). Voir *M. R.*, t. IV.

Droit rural *(Dialogues populaires)*; par J. VALSERRES. » 60

Écobuage. Voir *M. R.*, t. I.

Économie de l'agriculture; par le baron CRUD. 1 vol. in-4 de 420 pages et 2 planches, 1834, Genève. . . . . . . 9 »

Le même. 2 vol. in-8, 1839, Paris. . . . . 20 »

Économie rurale (*Essai sur l'*) de l'Angleterre, de l'Écosse et de l'Irlande; par L. DE LAVERGNE. 2e édit. In-12 de 500 p. 3 50

Éloge historique de Parmentier. Culture de la Pomme de terre et moyens d'en prévenir la maladie; par A. E. DUMONT. In-8 de 32 pages. . . . . 1 »

Enseignement de l'agriculture (*Guide de l'*); par THAER, traduit par SARRAZIN. In-12 de 216 pages . . . 2 50

Enseignement agricole *(De l')*; par J.-N. FABRE. 52 pag. 1 »

Ensilage. — Silos. Voir *M. R.*, t. I.

Ensilage; par DOYÈRE, professeur d'histoire naturelle appliquée à l'École centrale des arts et manufactures. 48 pag. » 75

Euphorimétrie. Art de mesurer la fertilité de la terre, et choix des meilleurs assolements; par VAREMBEY. 1 vol. . 4 »

Fermage. V. *Bibliothèque du Cultivateur*, p. 5, et *M. R.*, t. IV.

Ferme-École du Mesnil Saint-Firmin. Compte rendu des travaux de 1848, aperçu sur l'ancien établissement agricole et industriel; par BAZIN. 1 vol. de 216 pages in-8 et 7 plan. 3 50

France (*La*) **et l'Angleterre** comparées sous le rapport des industries agricole, manufacturière et commerciale; par CATINEAU-LA-ROCHE. 1 vol. in-8 de 304 pages. . . . . . . 5 »

Froments *(Essai d'un catalogue méthodique et synonymique des)* de la collection VILMORIN. In-8 et 8 gravures. . 2 50

Froments. Voir *Céréales*, page 6. — Voir *M. R.*, t. I.

Froments, nouvelles variétés; par Armand BAZIN. 8 pages grand in-8 et 13 gravures. . . . . » 50

Garance. Voir *M. R.*, t. II.

Gardes, domestiques, ouvriers. Voir *M. R.*, t. IV.

Géométrie agricole. V. *Bibliothèque du Cultivateur*, page 5.

Guide des Cultivateurs (*Le véritable*). Vie agricole de Jacques Gouyer; par DEZEIMERIS, ancien député. 248 p. in-12. 1 75

Hanneton (*Instruction pour la destruction du*); par HÉER. 1 50

Houblon. V. *Bibliothèque du Cultivateur*, page 5, et *M. R.*, t. II.

Igname de Chine (*Histoire et Culture de l'*), *Dioscorea Batatas*; par J. DECAISNE, de l'Institut. 24 p. in-8 et 5 grav. » 75

Industrie agricole (*Débouchés de l'*). Voir *M. R.*, t. IV.

Insectes et animaux nuisibles. Voir *M. R.*, t. I et IV.

Institut agronomique de Versailles. Voir page 5.

Itinéraire destiné aux cultivateurs qui désirent connaître l'agriculture anglaise; par DE GOURCY. 32 pages in-8. . . 1 »

Journal d'agriculture pratique. Voir page 30.

Labours. Voir *M. R.*, t. I.

Législation rurale. Voir *M. R.*, t. IV.

Lin. Voir *M. R.*, t. II et III.

Lin (*Divers moyens de développer la culture du*) en France; par Ch. GOMART. In-8 de 24 pages et 3 gravures. . . . » 50

Lin (*Traité de la Culture du*) et des différents modes de rouissage; par DE MOOR. Un vol. in-12 et 14 gravures. . 1 25

Maïs. Voir *M. R.*, t. I.

Maïs (*Culture du*); par LE LIEUR. In-12 de 68 pages. . . » 75

Maïs (*Histoire naturelle, agricole et économique du*); par Mathieu BONAFOUS. 1 vol. relié et 19 planches in-folio. . . 95 »

Maison Rustique du 19e siècle; cinq volumes in-4 équivalant à vingt-cinq volumes in-8 ordinaires, avec 2,500 grav. représentant les instruments, machines, appareils, races d'animaux, arbres, arbustes et plantes, serres, bâtiments ruraux, etc.; publiés, sous la direction de MM. BAILLY, BIXIO et MALPEYRE, par MM. Audouin, Bonafous, Héricart de Thury, Huzard, Payen, Puvis, Sylvestre, Tessier, de la section d'agriculture de l'Académie des sciences; Dailly, Debonnaire de Gif, Huerne de Pommeuse, Saint-Hilaire, Loiseleur, Michaud, Poiteau, Pommier, Soulange-Bodin, Vilmorin, de la Société centrale d'agriculture de Paris; Bouley, Renault, Yvart, professeurs à l'école vétérinaire d'Alfort; Grognier, professeur à l'école vétérinaire de Lyon; Noirot frères, de Dijon; Antoine, professeur à la ferme-école de Roville; Bella, directeur de l'institut agricole de Grignon; Leclerc-Thouin et Moll, professeurs d'agriculture au Conservatoire des arts et métiers; Ysabeau, de Rambuteau; de Gasparin, membre de l'Académie des sciences, ancien ministre de l'agriculture et de l'intérieur.

Tome I. — Agriculture proprement dite.
Tome II. — Cultures industrielles. — Animaux domestiques.
Tome III. — Arts agricoles.
Tome IV. — Forêts. — Étangs. — Administration. — Législation.
Tome V. — Horticulture. — Travaux du mois.

Les cinq volumes (ouvrage complet). 39 50
Chaque volume pris séparément. . . . . 9 »

Il n'y a pas d'agriculteur éclairé, pas de propriétaire qui ne consulte assidûment la *Maison Rustique du 19e siècle;* ce livre, expression la plus complète de la science agricole pour l'époque actuelle, forme à lui seul la bibliothèque du cultivateur.

Maison Rustique des Dames. Voir page 29.

Maladies des plantes. Voir *M. R.*, t. I.

Maladies des Végétaux (*Origine des*). Pommier, Vigne, etc., et des maladies des animaux herbivores, et moyens de les éviter en les prévenant, par le drainage et la vaporisation des eaux corrompues; par ALLIOT. 92 pages in-8. . . . . . 1 50

Marnage. Voir *Amendements*, p. 14. — Voir *M. R.*, t. I et III.

Mémoires de Cincinnatus Fenouillet, *à la poursuite du progrès agricole;* par DE TRAVANET. In-12 de 344 pages. 3 »

Métayage. Voir *Bibliothèque du Cultivateur*, p. 5, et *M. R.*, t. IV.

Notes agricoles, par le comte de GOURCY. In-8 de 76 p. 1 50

Œuvres complètes de Jacques Bujault, laboureur à Chaloue, avec une Intrduction, par Jules RIEFFEL. 1 vol. in-8 de 540 pages, 30 gravures, portrait de l'auteur. . . 7 50

Œuvres diverses; —*Economie politique, Instruction, Haras;* par MATHIEU DE DOMBASLE. 1 vol. in-8 de 544 pages. . . . 8 »

Olivier. Voir *M. R.*, t. II.

Olivier *(Culture de l')*; par DE GASPARIN. 114 pages in-8. 1 75

Opuscules et Expériences agronomiques; par Isidore PIERRE. In-8 de 220 pages avec gravures 5 50

Pâturages. Voir *M. R.*, t. I.

Paupérisme agricole (*Extinction du*) par la Colonisation dans la Plata (Amérique du Sud), suivi d'un aperçu géographique et industriel de ces provinces, par le Dr BROUGNES. 1 vol. in-8 de 216 pages et 2 planches.. . . . . 2 50

Physiologie de la terre. Etudes géologiques et agricoles; par le marquis DE TRAVANET. Un vol. in-8 de 580 pages. 7 50

Plantations de bordures. Voir *M. R.*, t. II.

Plantes à grains farineux (*Tableau aphoristique de la culture des*) dans le nord de la France; par Gustave HEUZÉ, professeur d'agriculture à Grignon. Feuille in-plano. . . 1 »

Plantes à racines bulbeuses ou tuberculeuses à utiliser comme aliments. Voir *M. R.*, t. I et t. II.

Plantes aromatiques. Anis, Coriandre, Angélique, Lavande, OEillet, Jasmin, Tubéreuse, Rosier, Oranger. *M. R.*, t. II.

Plantes économiques. Batate, Betterave, Chicorée, Tabac. Voir *M. R.*, t. II.

Plantes fourragères. Graminées, Légumineuses. *M. R.*, t. I.

Plantes légumineuses. Fèves, Haricots, Pois, Lentilles. Voir *M. R.*, t. I.

Plantes médicinales. Guimauve, Réglisse, Pavot, Rhubarbe, Mélisse, Menthe, Sauge, Absinthe, Tamarin, Camomille, Scille, Sureau, Tilleul, Houblon, Moutarde, etc. Voir *M. R.*, t. II, et *Flore des Jardins et des Champs*.

Plantes nuisibles en agriculture. Voir *M. R.*, t. I.

Plantes potagères. Artichauts, Asperges, Choux, Courges, Potirons, Oignons. Voir *M. R.*, t. II et *Bon Jardinier*.

Plantes propres aux usages de sparterie. Stippe, Jonc, Lyglé, Massept, Scirp. Voir *M. R.*, t. II.

Plantes textiles. Lin, Chanvre, Cotonnier, Phormium, Orties, Genêt, Agave, Apocin, Mauve, Abutilon, Alcée, t. II.

Plantes tinctoriales. Garance, Safran, Pastel, Indigotier, Gaude, Tournesol, Carthame, Morelle, Orcanette. *M. R.*, t. II.

Plantes utiles dans divers arts. Chêne, Myrthe, Sumac, Cardère à foulon, Soude, Houx, Pistachier, Frêne, Astragale, Roseau, Maclava, etc. Voir *M. R.*, t. II et *Bon Jardinier*.

Plantes, arbres, arbustes (*Manuel général des*), page 27.

Plantes et arbres oléagineux. Colza, Choux, Navette, Cameline, Moutarde, Julienne, Pavot oléifère, Radis, Soleil, Sésame, Ricin, Euphorbe, Pistache, Olivier, Noyer, etc., etc. Voir *M. R.*, t. II et *Bon Jardinier*.

Plantes et arbres propres à donner des liqueurs vineuses. Pommier, Poirier, Cormier, Sorbier, Cerisier, Prunier, Framboisier, Sureau, Arbousier, Caroubier, Dattier, Bouleau, Erable, Agave, etc. V. *M. R.*, t. II et *Bon Jardinier*.

Plantes (*Maladies des*). Voir *M. M.*, t. I.

Pluie (*De la*) en Europe; par le commandant Rozet, membre de la Société géologique de France. In-12 de 160 pages. 2 »

Police rurale (*Manuel de*); ouvrage utile aux fonctionnaires et propriétaires; par Thiroux. 1 vol. in-18 de 466 pages. 2 »

Pommes de terre. Voir *M. R.*, t. I.

Pommes de terre (*Maladie des*); par Decaisne, membre de l'Académie des Sciences, professeur de culture au jardin des plantes de Paris. 1 vol. in-8 de 136 pages. . . . . . . » 75

Pommes de terre (*Maladie des*); par Lefebvre, cultivateur à Voyenne. In-8 de 112 pages. 2 50

Pommes de terre (*Moyens préservatifs contre la maladie des*); par Bortier. In-8 de 16 pages. . . . . » 50

Prairies. Voir *M. R.*, t. I.

Prairies artificielles (*Essai sur les*), Luzerne, Trèfle ordinaire, Trèfle printanier, et Sainfoin ou Esparcette; par H. Machard, de la Société d'Agriculture du Doubs. In-18. 1 »

Prairies naturelles (*Essais relatifs à l'influence de quelques sulfates sur la végétation des*); par Is. Pierre. 8 pag. in-8. » 50

Prés (*Les*) **et les champs**; par Joigneaux. In-12 de 170 p. 1 25

Promenades agricoles dans le centre de la France; par le comte Conrad de Gourcy. In-8 de 72 pages. 1 50

Racines. Navets, Raves, Turneps, Ratabagas, Carottes, Panais, Topinambours. Voir *M. R.*, t. I et *Bon Jardinier*.

Récoltes. Transport et conservation des fourrages, céréales, racines. — Hottes, Brouettes, Charrettes, Meules, Fenils, Granges, Greniers, Silos, etc. Voir *M. R.*, t. I et *Bon Jard.*

Riz. Voir. *M. R.*, t. I et *Bon Jardinier*.

Safran (*Culture du*); par DE GASPARIN. 36 pages in-8 . . » 75

Sainfoin (*De l'influence que peuvent exercer diverses matières salines sur le rendement du*); par Isidore PIERRE. In-8. 1 50

Semailles à la volée (*Pratique des*); par PICHAT, directeur de l'Ecole impériale d'agriculture de la Saulsaie. 2e édition. In-8 de 112 pages et 15 gravures. . . . . 2 »

Servitudes rurales. Voir *M. R.*, t. IV.

Sol et Engrais. Voir *Bibliothèque du Cultivateur*, page 5.

Sol (*du Morcellement du*); par TISSOT. In-8 de 90 pages. 1 50

Sol. Classification, degré de fertilité, façons. Voir *M. R.*, t. I.

Sorgho sucré (*Recherches sur le*); par Louis VILMORIN. Grand in-8 de 10 pages, avec planches. . . . . » 75

Statistique agricole de la France; par ROYER, inspecteur général de l'agriculture. In-8 de 472 pages et atlas. 12 »

Statistique agricole de la France (*Tableau synoptique de la*), résumant l'importance relative de chacun de ses 86 départements (d'après les documents officiels); par DE VALMONT et BLOCK. In-plano. . . . . 1 »

Subsistances (*Question des*). Mémoire qui a obtenu la médaille d'or de Cormenin; par L. MARCHAL, avec une préface, par de CORMENIN. In-12 de 144 pages . . . . 3 »

Tabac. Voir *M. R.*, t. II.

Terre. Voir *Sol*, page 11.

Travail agricole (*Organisation du*); par JOIGNEAUX, ancien représentant du peuple. In-18 de 34 pages. . . . . » 25

Trèfle (*Culture du*) dans l'ouest; par G. HEUZÉ, professeur d'agriculture à l'Institut de Grignon. In-8 de 54 pages. 1 50

Trésor du Laboureur (*Le*). Instruction raisonnée pour s'enrichir dans l'agriculture; par VAREMBEY, président à la cour d'appel de Dijon. 150 pages in-8. . . . . 2 »

Tubercules (*Notice sur les*) proposés pour remplacer la pomme de terre; par MÉRAT. In-12 de 36 pages. . . . . . » 50

Voyage agricole (*Second*) en Belgique, en Hollande et en France; par le comte DE GOURCY. 1 vol. de 404 pages in-8. 5 »

Voyage agricole (*Troisième*) en Angleterre et en Ecosse; par le comte Conrad de GOURCY. 1 vol. in-8 de 280 pages. 5 »

Voyage agricole en France, Allemagne, Hongrie, Bohême et Belgique; par le comte Conrad de GOURCY. 1 vol. in-12 de 432 pages. 3 50

Voyage agricole (*Notes extraites d'un*) dans l'ouest, le sud-ouest, le midi et le centre de la France et de l'Espagne; par le comte Conrad DE GOURCY. 84 pages in-8 . . . . 1 50

Voyages agronomiques en France; par LULLIN DE CHATEAU-VIEUX. 2 volumes in-8. . . . . 12 »

Voyage agronomique en Angleterre et en Ecosse; par une commission de la Société d'agriculture de Meaux. Un vol. in-8 de 448 pages avec nombreuses gravures. 7 50

2. — CONSTRUCTIONS. — INSTRUMENTS. — ARTS AGRICOLES.

Arpentage et Nivellement (*Traité pratique d'*), à l'usage des agriculteurs ; par J. Leclerc, auteur du *Traité de Drainage*, et J. Toussaint, géomètre. Un vol. in-12 de 220 pages avec 128 gravures et 2 plans. 1 75

Arts agricoles. 1 vol. in-4 de 500 pages et 530 grav. . 9 »
Forme le 3e volume de la *Maison Rustique*.

Bergeries, Écuries, Étables, Porcheries, Poulaillers, t. II et IV.

Biens-fonds (*Manuel de l'estimateur de*); par Noirot. Un volume in-12 de 360 pages 3 50

Boissons. Voir page 21. — Voir *M. R.*, t. III.

Boulanger (*Art du*). Voir *M. R.*, t. III.

Charbon (*Fabrication du*). Voir *M. R.*, t. III et IV.

Chemins (*Construction, entretien des*). Voir *M. R.*, t. I et IV.

Chemins vicinaux. Association des communes par groupes, cantonniers, outillage mobile ; par Bertin. 120 pages in-8. 1 »

Clôtures rurales. Voir *M. R.*, t. I.

Constructions rurales. Voir *M. R.*, t. I et IV.

Fécule (*Fabrication de la*). Voir *M. R.*, t. III.

Géométrie agricole. Voir *Bibliothèque du Cultivateur*, p. 5.

Huiles d'Olive, de Graines, etc. Voir *M. R.*, t. III.

Instruments aratoires, Bêches, Charrues, Herses, Rouleaux, Semoirs, Brouettes. Charrettes, Extirpateurs, Ratissoirs, Houx, Sarcloirs, Buttoirs, Sapes, Faux, etc. Voir *M. R.*, t. I.

Laines (*Triage, lavage, conservation des*). Voir *M. R.*, t. III.

Machines à moissonner, à battre; Moulins, Pétrins. *M. R.*, t. III.

Meules, Granges, Greniers. Voir *M. R.*, t. I et IV.

Meunier (*Art du*). Voir *M. R.*, t. III.

Meunier (*Le Bon*) ; par Moreau. 48 p. in-8 et 7 tableaux. 1 75

Résines et produits résineux. V. *Lin.* — V. *M. R.*, t. III.

Rouissage du Lin et du Chanvre. Voir *M. R.*, t. III.

Salins, Potasses, Soudes (*Fabrication des*). *M. R.*, t. III.

Sel (*Fabrication et emploi du*). Voir *M. R.*, t. I et III.

Soie. Voir page 22. — Voir *M. R.*, t. III.

Sucre (*Fabrication du*). Voir *M. R.*, t. III.

Sucre de Betteraves (*Art de fabriquer le*), contenant : 1° la description des meilleures méthodes usitées pour la culture et la conservation des betteraves; 2° les procédés et appareils pour en extraire le sucre avec de grands avantages ; par Dubrunfaut. Un vol. in-8 de 576 pages et 6 planches. . . 15 »

Tourbe. Voir *M. R.*, t. III.

Vin, Alcool, Bière, Cidre, etc. Voir p. 21. — Voir *M. R.*, t. III.

Vinaigre (*Fabrication du*). Voir *M. R.*, t. III.

---

3. — AMENDEMENTS. — ENGRAIS. — CHIMIE ET PHYSIQUE AGRICOLES.

Amendements, Chaux, Marne, Plâtre, Cendres. *M. R.*, t. I.

Amendements (*Traité des*); par Puvis. *Marne, Chaux, Diverses espèces d'Amendements*. 2e éd. 1 vol. in-12 de 750 p. 5 »

Animaux morts. Moyen de les utiliser. Voir *M. R.*, t. III.

Carte physique et météorologique du globe, distribution géographique de la température, des orages, pluies, neiges; par le docteur Boudin, 3e édition, in-plano, carte noire. 6 »
carte coloriée. . . . . 8 »

Chaux (*La*), son emploi en agriculture; par Piérard, ingénieur en chef des mines. In-12 de 36 pages 75

Chimie agricole; par Isidore Pierre, professeur à la Faculté des Sciences de Caen. In 12 de 662 pages et 22 grav. 4 »

Chimie agricole (*Précis élémentaire de*); par le docteur Sacc, professeur à l'Académie de Neufchatel en Suisse, 2e édition. 1 vol. in-12 de 454 pages et 3 gravures. . . . 3 50

Chimie appliquée à l'agriculture; par Chaptal. 2 v. 10

Chimie et physique horticole. Voir *Bibliothèque*, page 23.

Climat en agriculture (*Influence du*). Voir *M.*, *R.*, t. I.

Engrais. Voir *Bibliothèque*, page 5 et *M. R.*, t. III.

Engrais et Amendements (*Traité des*); par M. Fouquet, directeur de l'Ecole d'agriculture de Tirlemont. 1re partie, *Engrais de ferme*. 2e partie, *Engrais divers*. 1 vol. in-12 de 260 pages. 2 50

Engrais (*Action des*); par Bobierre, chimiste-vérificateur en chef des engrais à Nantes. 64 pages in-8. . . . . 1 »

Engrais (*Traité critique et pratique du commerce, du contrôle et de la législation des*); par de Sussex. In-8 de 128 pages. 2 »

Engrais animaux et végétaux, Poudrette, Boue, Sang, Vase, Suie, Composts, Noir animal, Noir animalisé, Marc, Urine, Fumier. Voir *M. R.*, t. I.

Engrais de mer (*Études sur les*) des côtes de Normandie; par Isidore Pierre. 120 pages in-8 et 2 planches. . . . . . 3 »

Fumier. *Production, emploi*; par d'Arcel. 12 pag. in-12. » 15

Grêle. Moyens d'en combattre les effets; par Laterrade. 1 25

Guano (*sur le*) d'Amérique; par Deville. Composition et valeur des différentes espèces de Guano; par Th. Way. In-8. 1 50

Météorologie et physique agricole. Voir *M. R.*, t. I.

Sel. Voir *M. R.*, t. III.

Sel *employé comme engrais*; par Is. Pierre. 26 pages in-8. » 75

Sel (*Emploi agricole du*). Voir *Animaux* (Statique des), page 15.

Tourbe (*Rapport sur une nouvelle exploitation de la*); par Payen, de l'Institut. In-8 de 7 pages. . . . . » 50

Vidange (*La*) *et la voirie* sous les rapports de leur valeur agricole, et de l'hygiène; par de Sussex. In-8 de 48 pages. 1 »

4. — ANIMAUX DOMESTIQUES. — MÉDECINE VÉTÉRINAIRE.

Age des animaux (*Connaissance de l'*). Voir *M. R.*, t. II.

Anatomie et physiologie des animaux. Voir *M. R.*, t. II.

Ane. Voir *M. R.*, t. II.

Animaux (*Statique chimique des*), appliquée spécialement à la question de l'emploi agricole du SEL; par BARRAL, rédacteur en chef du *Journal d'Agriculture*. 1 vol. in-12 de 552 p. 5 »

Animaux domestiques; par BIXIO, BOULEY, RENAULT, YVART. 1 volume in-4 de 568 pages et 330 gravures . . . 9 »
Forme le 2e volume de la *Maison Rustique*.

Animaux domestiques. Voir *Bibliothèque*, page 5.

Animaux domestiques; par David Low, traduit et annoté par ROYER, inspecteur général de l'agriculture. L'ouvrage se compose de 13 livraisons grand in-4°, savoir :

Races bovines. 5 livr., 22 planches coloriées et texte. 25 »
Races chevalines. 2 livr., 8 planches color. et texte. 10 »
Races ovines. 5 livr., 21 planches coloriées et texte 25 »
Races porcines. 1 livr., 5 planches coloriées et texte 5 »
Prix de l'ouvrage complet. . . . . 60 »

Animaux domestiques (*Pathologie spéciale des principaux*); par DELWART, professeur à l'École royale vétérinaire de Belgique. Un vol. grand in-8 de 604 pages. 7 50

Animaux morts. Voir *M. R.*, t. III.

Animaux utiles (*Domestication et naturalisation des*); par GEOFFROY-ST-HILAIRE de l'Institut. Un volume in-12 de 216 pages et 23 gravures 1 75

Bestiaux (*Etat de la production des*) *en Allemagne, Belgique, Suisse;* par MOLL, professeur d'agriculture au Conservatoire des Arts et Métiers. In-4 de 100 pages et tableaux. . . . 2 75

Bêtes à cornes. Voir *Bibliothèque du Cultivateur*, page 5.

Bêtes à laine et Notice sur la race de la Charmoise; par MALINGIÉ-NOUEL, directeur de la ferme école de la Charmoise. 1 vol. grand in-8, et 4 dessins de Mlle Rosa Bonheur. . . 3 »

Bêtes à laine (*Pourriture ou Cachexie aqueuse des*) qui règne à l'état épizootique sur les troupeaux; par O. DELAFOND, professeur à l'École d'Alfort. 56 pag. in 8 et planches . . . 1 25

Bêtes à laine (*Manuel de l'éleveur de*); par ROCHE-LUBIN. 1 vol. in-12 de 290 pages et 2 planches. 2 50

Bœuf. Conformation, âge, hygiène, maladies, engraissement, multiplication, races, croisement. Voir *M. R.*, t. II.

Bœufs, Vaches, Moutons (*Engraissement, appréciation des qualités et poids des*), par DANZEL-DAUMONT. 75 pages in-8. 1 »

Bovines (*Races*); par David Low. Voir page 15.

Bovines (*Races*). Voir *Bibliothèque du Cultivateur, page* 5.

Bovines Durham (*Races*); par Lefebvre-Sainte-Marie, inspecteur-général de l'agriculture. Publié par ordre du ministre. Gr. in-8 de 352 pages et atlas in-folio de 15 planches. *Figures noires*, 15 francs. — *Figures coloriées*. 22 50

Bufle. Voir *M. R.*, t. II.

Cadran *de l'Eleveur d'animaux domestiques*. Moyen de se rendre compte immédiatement de l'époque de l'incubation et de la gestation des femelles domestiques, indiquant l'âge des animaux, *le système Guénon*, etc.; par Lefour. Une feuille in-plano sur carton et 23 gravures. 1 75

Cheval. Extérieur, Hygiène, Maladies, Age, Multiplication Races, Croisement, Harnachement, Ferrure. Voir *M. R.*, t. II.

Cheval (*Choix du*). Appréciation de tous les caractères à l'aide desquels on peut reconnaître l'aptitude des chevaux aux divers services; par Magne, professeur à l'Ecole d'Alfort. In-12 de 150 pages et 5 planches . . . . 3 »

Cheval (*De la conformation du*), Haras, courses, types reproducteurs, amélioration des races, vices rédhibitoires; par Richard, ancien représentant du peuple, et directeur de l'Ecole des haras, etc. 1 vol. in-8 de 560 pages, avec planches . 8 »

Chevaline (*La France*); par Eug. Gayot, ancien directeur des haras. 1re partie, *Institutions hippiques*, contenant l'histoire de l'administration des haras. Etalons approuvés et autorisés, étalons départementaux, primes à la production et à l'élève; courses au trot, au galop, steeple-chease. 4 vol. 26 »

2e partie, *Études hippologiques* traitant de toutes les questions de science qui aboutissent à la production et à l'élève des chevaux. Étude physiologique de toutes les races du pays et de leurs transformations. 4 volumes in-8 . . . . 26 »

Chevaline (*De l'espèce*) **en France**; par le général de Lamoricière. 1 vol. in-4 de 312 pages, 3 cartes coloriées. 3 50

Chevalines (*Races*); par David Low. Voir page 15.

Chevaux en France (*De la production des*). Atlas statistique pour servir à l'Histoire naturelle agricole des races chevalines; par Eug. Gayot, ancien directeur des haras; dessins de Lalaisse. In-folio de 29 feuilles, 31 planches, 27 cartes. 75 »

Chèvres. Voir *M. R.*, t. II.

Chiens. Voir *M. R.*, t. II.

Chirurgie vétérinaire. Voir *M. R.*, t. II.

Commerce des animaux domestiques. Voir *M. R.*, t. II.

Conformation des animaux domestiques. Voir *M. R.*, t. II.

Courses (*Des*) considérées comme moyen de perfectionner le cheval de service et de guerre; par Richard. 24 p. in-12. » 75

Cultivateur aveyronnais (*Guide pratique du*). Hygiène et maladies du bétail; par Roche-Lubin. 106 pages in-8. 1 50

Engraissement du gros bétail, des Veaux, Porcs, Bêtes à laine et Volailles; par Evon. 130 pages in-8 et 3 fig. . 3 »

Engraissement des animaux domestiques. Voir *M. R.*, t. II.

Ferrure. Voir *M. R.*, t. II.

Harnachement. Voir *M. R.*, t. II.

Hygiène des animaux domestiques. Voir *M. R.*, t. II.

Hygiène vétérinaire appliquée; par MAGNE. 2 v. in-8. 12 »

Inoculation (*Quelques mots sur l'*); par DE SAIVE. 64 pag. 1 »

Inoculation du bétail pour prévenir la pleuro-pneumonie; par le Dr Max DE SAIVE. 100 pages in-8. . . . . 2 50

Lapin (*Nouveau traité pratique de l'éducation des diverses espèces de*); par SEGOUIN. In-12 de 58 pages. . . . . » 50

Lapins (*Education des*) d'après la méthode de la Trappe; par ESPANET, religieux trappiste. 1 vol. in-18 de 224 pag. 1 50

Lapins. Voir *Bibliothèque*, page 5. — Voir *M. R.*, t. II.

Mouton. Hygiène, Élève, Multiplication, Engraissement, Races, Maladies, Croisement. Voir *M. R.*, t. II.

Médecine vétérinaire. Voir *M. R.*, t. II.

Mulet. Voir *M. R.*, t. II.

Oiseaux de basse-cour, Poules, Dindes, Oies, Canards, Pintades, Faisans, Pigeons. Voir *M. R.*, t. II. — Voir *Bibliothèque du Cultivateur*, page 5.

Ovines (*Races*); par David Low. Voir page 15.

Pharmacie vétérinaire. Voir *M. R.*, t. II.

Porc. Hygiène, Elève, Multiplication, Engraissement, Races, Maladies, Croisement. Voir *M. R.*, t. II.

Porcines (*Races*); par David Low. Voir page 15.

Poules (*Manuel de l'éleveur de*), et Notice sur les Oies, les Canards, les Pintades, les Dindons, les Pigeons; par le baron PEERS. Un vol. in-12 de 208 pages et 11 planches. . . . 1 25

Poules bonnes pondeuses (*Les*) reconnues au moyen de signes certains, et indications pratiques pour faire des volailles grasses; par PRANGÉ. 223 pages in-12 et 2 gravures. 1 75

Sportsman (*Guide du*), ou Traité de l'entraînement et des courses de chevaux; par Eug. GAYOT, ancien directeur des Haras. 2e édition. 1 vol. in-8 de 176 pages 3 50

Vaches de l'île de Jersey (*Notice sur les*); par Aug. BERNÈDE. In-8 de 16 pages. . . . . » 50

Vaches laitières (*Choix des*). Description des signes à l'aide desquels on peut apprécier les qualités lactifères des vaches; par MAGNE, professeur à Alfort. 96 pag. in-12 et 8 pl. . . 2 »

Vaches laitières (*Des moyens de distinguer les bonnes*); par EVON. In-8 de 30 pages et 15 figures. 1 50

Vices rédhibitoires. Voir *Maison Rustique*, t. II.

Zootechnie. Choix, conservation, rendement et principales maladies des animaux domestiques; par Ch. KNOLL aîné, vétérinaire à la ferme école du Haut-Rhin, professeur de zootechnie. 2 vol. in-8 de 870 pages et 66 planches. . . 12 »

5.—DRAINAGE.—IRRIGATIONS.—ÉTANGS. PISCICULTURE.

Arrosage. Voir *M. R.*, t. I.

Assainissement des Terres (*De l'*) et du **Drainage;** par NAVILLE. In-12 de 84 pages et 13 gravures. 1 75

Cours d'Eau (*Organisation hydrologique et législative des*). Moyens de prévenir les inondations; écoulement, distribution et emploi des eaux dans l'intérêt de l'agriculture, de l'industrie et de la salubrité; par MOREAU. 1 vol. de 240 p. 3 »

Dessèchement. Voir *M. R.*, t. I.

Drainage (*Manuel de*) *des terres arables;* par BARRAL, directeur du *Journal d'Agriculture pratique.* 1 vol. in-12 de 800 pages, 225 gravures et 7 planches. . . . . 6 »

Drainage (*Traité pratique de*). Essai théorique et pratique sur l'assainissement des terres humides; par LECLERC, ingénieur des Ponts-et-Chaussées, chef du service du Drainage en Belgique. 1 vol. in-8° de 364 pages, et 127 gravures . . . . . 6 »

Drainage (*Le*) *et l'Irrigation;* par MIDY. In-8° de 25 pag. 1 »

Drainage (*Plan de*) de la propriété de Crèvecœur; par LIRON D'AIROLLES. Ce plan offre la solution des principales difficultés qui peuvent se présenter dans un drainage. . . . . . 6 »

Drainage (*Manuel populaire du*); par A. VITARD, agent voyer à Beauvais. 1 vol. in-8 de 134 pag. et 3 planc. . 3 »

Drainage (*Traité pratique de*) à l'usage des personnes qui veulent entreprendre ou diriger des travaux dans les Prés et les Herbages; par A. D'ANGLEVILLE. In-8 de 36 pag. et 1 pl. 1 »

Draineur (*Guide pratique du*); par STEPHENS, traduit de l'anglais par D'Omalius, et notice sur le Drainage, par Leclerc. 1 vol. in-12 de 296 pages et 88 gravures. 1 75

Eaux en agriculture (*De l'emploi des*); par PUVIS. 1 vol. in-8 de 560 pages et un plan . . . . 5 »

Eaux pluviales (*Recherches analytiques sur les*); par BARRAL, rédacteur en chef du *Journal d'Agriculture*. In-4°. 1 75

Eaux (*Traité de l'aménagement des*). — Irrigations, drainage. Suivi d'un Essai sur les chemins vicinaux; par A. VITARD, agent voyer à Beauvais. 1 vol. in-8 de 192 pages. . . . . 3 »

Endiguement. Voir *M. R.*, t. I.

Endiguement des cours d'eau; par PUVIS. 100 p. in-8. 1 50

Endiguement des cours d'eau (*Mémoire sur l'*); par PUVIS. In-4° de 44 pages à 2 colonnes. 1 50

Etangs. Établissement, Construction, Assolement, Culture, Dessèchement. Voir *Maison Rustique*, t. IV.

Étangs (*Causes, effets de l'insalubrité des*); par PUVIS. In-8. 1 50

Hydromètre. Instrument destiné à faire connaître instantanément, de nuit comme de jour, l'ascension et le décroissement des eaux dans les rivières et les ports; par André MICHAUX, correspondant de l'Institut. In-4° et 1 pl. . » 75

Irrigateur (*Manuel de l'*); par VILLEROY et MULLER, et *Code des Irrigations*; par BERTIN. 1 vol. in-8 et 121 gravures. 5 »

Irrigations. Voir *M. R.*, t. I.

Irrigations. Commentaire de la Loi du 29 avril 1843; par Henri PELLAULT, docteur en droit. In-12 de 374 pages. 3 50

Irrigations (*Code des*), suivi des rapports de MM. DALLOZ et PASSY et de la Législation étrangère; par BERTIN, avocat, rédacteur en chef du journal *le Droit*. In-8° de 182 pag. 3 »

Irrigations en Italie et en Allemagne (*Législation des*); par MONNY DE MORNAY, chef de la division de l'agriculture au ministère de l'agriculture. 1 vol. in-8° de 166 pages. 3 50

Irrigations (*Traité théorique et pratique des*) envisagées sous les divers points de vue de la production agricole, de la science hydraulique et de la législation; par NADAULT DE BUFFON, ingénieur en chef chargé du service des irrigations et dessèchements, membre de la Société centrale d'Agriculture. Trois vol. in-8°, et atlas de 26 pl. in-4° . . . . . . 39 »

Marais (*Dessèchement des*). Voir *M. R.*, t. I.

Pisciculture; par CHABOT, directeur de la Pisciculture d'Enghien. In-8 de 64 pages. 1 25

Poissons. *Fécondation, éclosion artificielles des œufs, et éducation du Frai*; par GODENIER. 24 pages in-8. . . . . . . 1 »

Poissons. *Fécondation artificielle et éclosion des œufs*; par le Dr HAXO, d'Epinal. In-8 de 100 pages et 1 planche . . 2 50

Poissons observés (*Diagnose des*). Ichthyologie des côtes et de l'intérieur de la France; par DESVAUX, 176 pages. . 2 50

Poissons. Education, Causes de destruction, Engraissement. Voir *M. R.*, t. IV.

Puits et puisards. Voir *M. R.*, t. I.

Viviers (*Construction des*). Voir *M. R.*, t. IV.

---

6. — BOIS. — FORÊTS.

Arbres et arbustes (*Traité des*) de pleine terre; par DUHAMEL DU MONCEAU. 2 vol. in-4 reliés et 250 planches. 1755. . 25 »

Arbres (*Physique des*). Anatomie des plantes. Économie végétale; par DUHAMEL DU MONCEAU. 2 vol. in-4 et 50 planch. 20 »

Arbres. Semis, plantations et culture; par DUHAMEL DU MONCEAU. 1 vol. in-4 relié et 16 planches en taille douce. . . 8 »

Arbres résineux conifères (*Traité pratique des*) à grandes dimensions, qu'on peut cultiver en futaies dans les climats tempérés; par de CHAMBRAY. 1 vol. gr. in-8, fig. noires. 12 »

Arbres verts (*Notice sur les*); par POITEAU et TURPIN. In-fol. de 12 pages et 2 planches. 3 50

Agriculture forestière. Voir *Maison Rustique*, t. IV.

Animaux et insectes nuisibles *aux arbres*. V. *M. R.*, t. IV.

Arbres (*Accroissement des*). Voir *M. R.*, t. IV.

Arbres et arbrisseaux (*Des*) qui peuvent être cultivés en pleine terre en France; par DESFONTAINES. 2 vol. in-8. 10 »

Arbres et arbustes *à feuilles caduques*. Alisier, Bouleau, Buis, Charme, Châtaignier, Chêne, Cornouillier, Cytise, Erable, Fusain, Hêtre, Houx, Maronnier, Merisier, Cerisier, Micocoulier, Planera, Vernis, Noisetier, Orme, Robinier, Sorbier, Sureau, Tilleul, Noyer. Voir *M. R.*, t. IV et *Bon Jard.*

Arbres et arbustes *forestiers*. Voir *M. R.*, t. IV.

Arbres des terrains aquatiques. Aulne, Fresne, Peuplier, Platane, Saule. Voir *M. R.*, t. IV et *Bon Jardinier.*

Arbres résineux et conifères. Cèdre, Cyprès, Genévrier, Melèze, If, Pin, Sapin. Voir *M. R.*, t. IV et *Bon Jardinier.*

Bois. Accroissement, Exploitation, Evaluation des coupes et produits, Abattage, Défrichement, Bois de chauffage, Bois d'œuvre, etc. Voir *M. R.*, t. IV et *Bon Jardinier.*

Bois (*Culture, exploitation des*); par THOMAS. 2 vol. in-8. 15 »

Bois (*De l'Exploitation des*); par DUHAMEL DU MONCEAU. 2 vol. in-4 et 36 planches en taille douce. . . . . 25 »

Bois (*Transport, conservation, force des*); par DUHAMEL DU MONCEAU. 1 vol. in-4 relié et 27 planc. en taille douce. 1767. 8 »

Charbon (*Fabrication du*). Voir *M. R.*, t. III et IV.

Code forestier comparé avec la législation et la jurisprudence relatives aux forêts; par GAGNEREAUX. 2 vol. in-8 . . . . 5 »

Conifères (*Traité général des*). Description des Espèces et Variétés connues, Synonimie, Culture, Multiplication; par CARRIÈRE, chef des Pépinières au Jardin des Plantes de Paris. 1 vol. in-8 de 672 pages. . . . . 10 »

Dictionnaire raisonné des eaux et forêts, édits, déclarations, arrêts; par CHAILLAUD. 1769, 2 vol. in-4 relié. . . . . . 18 »

Forêts naturelles. Voir *M. R.*, t. IV.

Forêts (*Traité de l'Aménagement des*); par SALOMON, ex-directeur de l'École forestière de Nancy. 2 vol. in-8 et atlas. 25 »

Forêts artificielles. Semis, Plantations. Voir *M. R.*, t. IV.

Forêts. Culture, Aménagement, Conservation, Estimation, Evaluation du sol, de la superficie, du revenu. *M. R.*, t. IV.

Oseraies. Voir *M. R.*, t. IV.

Osier. (*Traité pratique de la culture de l'*) et Art du vannier; par MOITRIER. 60 pages in-18 et 4 planches. . . . . . . 2 »

Pépinières. Voir *Bibliothèque du Jardinier* et *M.R.*, t. IV.

Pins (*Bois de*) des Landes. (*Gemmage des*) et Plantation des bois en Sologne; par M. DEMAUDE. In-8 de 20 pages. 1 50

Planteur (*Manuel du*). Du reboisement, de sa nécessité et des méthodes pour l'opérer avec fruit et avec économie; par H. DE BAZELAIRE. Un volume in-12 de 144 pages . . 1 25

Reboisement de la France (*Du*); par JOUBERT. In-8. 1 50

Reboisement (*Du*) des montagnes; par GRANDVAUX. In-8°. » 75

7. — VIGNES. — BOISSONS. — DISTILLATION.

Ampélographie rhénane. Description des Cépages les plus cultivés dans la vallée du Rhin et en Allemagne; par STOLTZ. In-4°, et 32 planches noires, 15 f.; coloriées . . 25 »

Ampélographie universelle. Traité des Cépages les plus estimés; par ODART. 3e édition. 1 vol. de 500 pages in-8. 7 50

Bière. Voir *M. R.*, t. III.

Bière (*Fabrication de la*); par ROHART, ancien brasseur. 2 vol. in-8 avec 120 grav. et projet de brasserie modèle. 15 »

Cidre, Poiré, Cormé (*Fabrication du*). Voir *M. R.*, t. III.

Congrès des vignerons (*Actes du*), 1845. In-8 de 550 p. . 5 »

Eaux-de-vie (*Fabrication des*). Voir *M. R.*, t. III.

Echalas (*Plus d'*). Echalas, paisseaux et lattes (Médoc) remplacés par des lignes de fil de fer mobiles, établies au printemps et enlevées à l'automne; par André MICHAUX, membre correspondant de l'Académie des Sciences. In-8 et 1 pl. » 50

Liqueurs (*Traité des*) et distillation des alcools; par DUPLAIS. t. I et planches. 7 50

Vigne. Voir *M. R.*, t. II.

Vigne (*Culture et taille de la*); par le Dr ECORCHARD. In-12. . 2

Vigne. Nouveau Mode de culture et d'Echalassement; par COLLIGNON D'ANCY. 1 vol. in-8 de 200 pages et 3 planches. 3 »

Vigne (*Maladie de la*). Observations faites en 1852, dans le département du Rhône; par Eug. TISSERANT. 50 p. in-8. . 1 50

Vigne (*Maladie spéciale de la*). *Oïdium Tuckeri.* Caractères, marche, traitement, moyen simple et économique de la prévenir; par le Dr ROBOUAM. In-12 de 50 pages. . . . . . . » 75

Vigneron (*Manuel du*). Exposé des diverses méthodes de cultiver la vigne et de faire le vin; par le comte ODART. 2e édition. Un vol. in-12 de 412 pages. 3 50

Vignes (*Maladie des*); par GUÉRIN-MENNEVILLE, 36 p. in-12. » 50

Vignes à raisins précoces (*Culture des*); par LOISELEUR-DESLONGCHAMP. Un vol. in-12 de 100 pages. . . . . 1 »

Vignes malades (*Traitement des*); rapport au ministre; par HEUZÉ, professeur d'agriculture à Grignon. 72 pag. in-8. 1 75

Vin (*Fabrication et conservation du*). Voir *M. R.*, t. III.

Vinification (*Traité pratique de*), ou Guide des Propriétaires, Vignerons, Négociants, dans toutes les opérations relatives à la manutention des vins; par MACHARD. 2e édit. 1 vol. 2 »

8. — ABEILLES. — MURIERS. — SOIE. — VERS A SOIE.

Abeilles (*Calendrier du propriétaire d'*); par DEBEAUVOIS, indiquant, mois par mois, les soins à leur donner. 84 p. » 75

Abeilles (*Ruche française et Éducation des);* par VAREMBEY, président à la cour de Dijon. 192 pag. in-8 et 6 grav. . 3 »

Abeilles, Ruches, Miel, Cire. Voir *M. R.*, t. III.

Apiculteur (*Guide de l');* par DEBEAUVOYS. 4e édition. 1 vol. in-12 de 310 pages, avec figures. . . . . 2 »

Calendrier du Magnanier, *travaux du mois. M. R.*, t. V.

Cocons (*Procédé pour le battage des*), ou Moyen d'obtenir des cocons le plus de soie possible; par ROBINET. 32 pag. in-8. 1 50

Écoliers et Vers à soie, ou la Petite magnanerie du père Toussaint; par Louis LECLERC. 1 vol. in-12 de 272 pages. 2 »

Magnaneries (*Ventilation des);* par ROBINET. 1 vol. in-8 de 350 pages et 4 planches . . . . 3 »

Magnanier (*Manuel du*); par FABRE. 72 pages in-8 et 2 pl. » 60

Mûrier (*Culture du*). Voir *M. R.*, t. II.

Mûrier (*Quatre mémoires sur le*); par ROBINET. 108 pag. 1 50

Mûrier. Comment on peut le cultiver avec succès dans le centre de la France; par DE CHAVANNES. 128 pages in-8. 1 25

Mûrier (*Culture du);* par BOYER et LABAUME. 150 p. et 3 pl. 3 »

Mûriers (*Manuel du cultivateur de);* par CHARREL, pépiniériste, commissaire-instructeur à la culture du Mûrier, désigné par la Société d'Agriculture de Grenoble. 1 volume in-8 de 268 pages 1 75

Muscardine; par GUÉRIN-MENNEVILLE. In-8 de 186 pages. 3 »

Muscardine (*La*), ses causes et moyens d'en préserver les vers à soie; par ROBINET. 1 vol. in-8 de 300 pages . . . . 3 »

Société séricicole (*Annales de la*). Voir page 34.

Soie. Préparation, tirage, moulinage. Voir *M. R.*, t. III.

Soie. Recherches sur la production de la soie en France, 1° Production. — 2° Propriétés. — 3° Races de vers à soie. — 4° Influences qui augmentent ou diminuent la qualité de la soie; par ROBINET. 1 vol. de 374 pages in-8 et 2 planches. 4 »

Soie (*Filature de la);* par ROBINET. 1 vol. in-8 et 7 pl. . 4 50

Soie (*Formation de la);* par ROBINET. 32 pag. in-8 et 2 pl. 1 50

Vers à soie (*Education des*). Voir *M. R.*, t. III.

Vers à soie (*Conseils aux nouveaux éducateurs de);* par BOULLENOIS. 2e édit., 1 vol. in-8 de 224 pages et 2 planc. 3 50

Vers à soie (*Manuel de l'Educateur de*). Histoire naturelle. Magnanerie. Principes généraux. Procédés. Education. Races; par ROBINET. 1 vol. in-8 de 332 pages et 51 gravures. . . 5 »

9. — HORTICULTURE. — ARBORICULTURE. — BOTANIQUE.

Almanach du Jardinier (1855), par les Rédacteurs de la *Maison Rustique du 19e siècle*. 2e série, 1re année. Un vol. in-16 de 192 pages et 30 gravures. . . . . » 50
Les années 1847 à 1854. . . . . Chaque année. » 75

Almanach horticole, 1844 à 1848; par Victor PAQUET. 5 vol. in-12 de 152 pages, avec gravures. Chacun. . . . . . . » 75

Arbres. Voir *Bois et Forêts*, page 19.

Arbres fruitiers (*Taille et conduite des*). Pêcher, Abricotier, Prunier, Vigne, Cerisier, Poirier, Pommier, Groseillier, Framboisier. Voir *M. R.*, t. V et *Bon Jardinier*.

Arbres fruitiers. Voir *Pomone française*.

Arbres fruitiers (*Catalogue raisonné des*), arbustes et rosiers cultivés chez JAMIN et DURAND. In-4 de 55 pages. . . . 1 50

Arbres fruitiers (*Culture des*); par BRAVY, horticulteur. 2e édition, in-12 de 86 pages.. . . . . » 75

Arbres fruitiers (*Maladies des*) et moyens de les prévenir et de les guérir; par RUBENS. 1 vol. in-12 de 312 pages.. 1 75

Arbres fruitiers (*Tableau de la conduite et de la taille des*), avec texte explicatif; par l'abbé DUPUY. In-plano. . . . . 2 »

Arbres fruitiers (*Taille des*), leur mise à fruit et marche de la végétation; par A. PUVIS. 1 vol. in-12 de 220 pages. 1 75

Arbres fruitiers (*Traité de la taille et des greffes des*); par HARDY, jardinier en chef du Jardin du Luxembourg. 3e édition, 1 vol. in-8 de 350 pages et 122 gravures. . . 5 50

Arbres fruitiers (*Traité des*), contenant leur figure, leur description, leur culture, etc; par DUHAMEL DU MONCEAU. 2 vol. gr. in-4°, avec planches gravées. 1768, relié . . . 35 »

Asperge. Voir *Bibliothèque du Jardinier*, page 23.

Bibliothèque du Jardinier, publiée sous la direction de MM. DECAISNE et VILMORIN, auteurs du *Bon Jardinier*.

Quatre volumes sont en vente, à 1 fr. 25 le vol.-in-12, savoir:

Asperge. Culture naturelle et artificielle; par LOISEL. 108 pages et 8 gravures 1 25

Melon. Culture sous cloche, sur butte et sur couche; par LOISEL. 108 pages et 7 gravures. 1 25

Chimie et physique horticoles; par DEHÉRAIN. 120 pages et 11 gravures. 1 25

Pépinières; par CARRIÈRE. 148 pages et 16 gravures. . . 1 25

Bon Jardinier (*Le*) pour 1855, contenant les principes généraux de culture, l'indication, mois par mois, des travaux à faire dans les jardins; la description, l'histoire et la culture des plantes potagères, fourragères, économiques ou employées dans les arts; des céréales; arbres fruitiers; oignons et plantes à fleurs; arbres, arbrisseaux et arbustes utiles ou d'agrément; un Vocabulaire des termes de jardinage et de botanique; un jardin des plantes médicinales; un tableau des végétaux groupés d'après la place qu'ils doivent occuper dans les parterres, bosquets, etc.; par POITEAU, VILMORIN, DECAISNE, NEUMANN, PÉPIN. Un vol. in-12 de 1,650 pages. . . . . . 7 »
Ouvrage couronné par la Société d'Horticulture de la Seine.

Bon Jardinier (*Figures de l'Almanach du*), contenant: 1° Principes de botanique; 2° Principes de jardinage, manière de marcotter, greffer, disposer et former les arbres fruitiers; 3° Construction et chauffage des serres; 4° Composition et ornement des jardins; 5° Hydroplasie; 6° Instruments et outils de jardinage; par DECAISNE, membre de l'Institut, professeur de culture au Jardin des Plantes de Paris. 19e édition. Un vol. in-12 de 424 pag., 632 gravures et 44 planches. 7 »

Botanique (*Atlas élémentaire de*) avec le texte en regard, comprenant l'organographie, l'anatomie et l'iconographie des familles d'Europe; par le Dr LE MAOUT. In-4° de 228 pages et 2,540 figures dessinées par STEINHEIL et DECAISNE. . . 15 »
Ouvrage adopté par le Conseil de l'Instruction publique.

Botanique (*Leçons de*), comprenant la morphologie végétale, la terminologie, la botanique comparée, l'examen des caractères des diverses familles naturelles, etc.; par Auguste SAINT-HILAIRE, membre de l'Institut, professeur de botanique à la Faculté des sciences. 1 vol. in-8° de 930 pages et 24 pl. 7 50
Ouvrage adopté par le Conseil de l'instruction publique.

Botaniste cultivateur (*Le*), ou Description, culture et usages de la plus grande partie des plantes étrangères naturalisées et indigènes cultivées en France; par DUMONT DE COURSET. 2e édition, Paris, 1811, sept volumes in-8. . . 45 »

Cactées (*Monograghie de la famille des*), synonymie, méthodes de classification, *Culture*, et Table alphabétique des espèces et variétés; par LABOURET. 1 vol. in-12 de 732 pages. . . 7 50
Ouvrage couronné par la Société d'Horticulture de la Seine.

Calendrier du Jardinier, Travaux du mois. V. *M. R.*, t. V.

Camellia (*Monographie du genre*); par l'abbé BERLÈSE. 3e édition, avec une nouvelle classification et la description de 180 variétés nouvelles. 1 vol. in-8° de 340 pages et 7 planch. 5 »

Camellia (*Culture du*); par J. DE JONGHE. In-12 de 130 pag. 1 75

Champignons (*Culture des*); par Victor PAQUET. 1 vol. in-12 de 280 pages et 9 gravures. 3 50

Champignons comestibles (*Traité pratique des*), culture, manière de les préparer, moyens de distinguer les espèces vénéneuses, soins à donner aux personnes empoisonnées; par LAVALLE. 150 pages gr. in-8 et 12 planches coloriées. . . 7 »

Chimie horticole. Voir *Bibliothèque du Jardinier*, p. 23.

Chrysanthème (*Culture du*) de l'Inde et de la Chine; par LEBOIS. 36 pages in-12. . . . . » 75

Conifères. Voir p. 20. — Voir *M. R.*, t. IV.

Cressonnières. Voir *M. R.*, t. II.

Culture *forcée des végétaux comestibles.* Asperges, Champignons, Fraisiers, Haricots, Pois, Ananas. V. *M. R.*, t. V et *B. J.*

Culture maraîchère (*Manuel pratique de*); par COURTOIS-GÉRARD. 2e édit., in-12 de 400 pag., 5 grav. et un plan. . 3 50
Ouvrage couronné par la Société centrale d'Agriculture.

Dahlias (*Manuel du cultivateur de*); 2e édition; par PÉPIN, chef des cultures au Jardin des Plantes de Paris. 1 vol. in-12 de 156 pages et 36 gravures. 1 75

Dahlia (*Traité spécial du*); par PIROLLE. 2 vol. in-12. . 4 »

Dictionnaire des jardiniers; par L.-H. MILLER. 8e édition. Paris, 1785. Dix volumes in-4 reliés. . . . . 30 »

Flore élémentaire des Jardins et des Champs, avec des Clefs analytiques conduisant promptement à la détermination des Familles et des Genres, et un Vocabulaire des termes techniques; par LE MAOUT et DECAISNE, de l'Institut, professeur de culture au Jardin des Plantes de Paris. 2 vol. petit in-8 de 940 pages. 9 »

Floriculture. Voir *M. R.*, t. V et *Bon Jardinier*.

Fuchsia (*Histoire et culture du*). Description de 540 espèces et variétés; par PORCHER. In-12 de 128 pages. 1 25

Horticulteur universel. Voir page 34.

Horticulture (*Encyclopédie d'*); par BIXIO et YSABEAU. 2e édition. 1 vol. in-4 de 514 pages, avec 500 gravures. 9 »
Forme le 5e volume de *la Maison Rustique.*

Horticulture; par John LINDLEY, traduit de l'anglais par Lemaire. 1 vol. grand in-8 de 450 pages et 37 gravures. 7 50

Icones plantarum *Galliæ rariorum, nempè incertarum aut nondum delineatarum;* par DE CANDOLLE. In-4 de 50 planches gravées et texte. . . . . 15 »

Index Filicum (*sensu latissimo*) Gustavi Kunzii in hortis Europæis cultarum, synonymis interpositis auctus; cura Augusti BAUMANNI. In-8 de 100 pages 2 50

Insectes (*Essai sur les*) qui attaquent les arbres fruitiers; par DELACOUR. 2 broch. de 88 pages in-8 et 3 planches. 1 50

Instruments de jardinage. Voir *M. R.*, t. V.

Jardin fruitier. Histoire, description, culture, usages des arbres fruitiers, fraisiers et vignes de l'Europe. Greffe, plantation, taille, etc.; par NOISETTE. Un vol. in-4 de 276 pages et 90 planches représentant 220 espèces de Fruits coloriés. . 75 »

Jardins (*L'art des*); par HIRSCHFELD. Cinq vol. in-4, avec de nombreuses gravures en taille-douce. 1780. . . . . 36 »

Jardins (*Traité des*) ou le Nouveau la Quintinye; par M. L. B. Jardin d'Ornement. 1 vol. in-8 de 480 pages . . . . 5 »

Jardins fruitiers. Voir *M. R.*, t. V.

Jardins fruitiers et potagers (*Instruction pour les*); par de La Quintinye. Paris, 1690, 2 vol. in-4, fig., relié. 10 »

Jardins paysagers. Voir *M. R*, t. V.

Jardinage (*Manuel pratique de*), contenant tout ce qu'il est nécessaire de savoir pour cultiver son jardin ou en diriger la culture; par Courtois-Gérard. 4e édition. 1 vol. de 400 pages in-12, avec 37 gravures. 3 50

Jardinage en Europe. Voir *M. R.*, t. V.

Jardinier des fenêtres (*Le*), *des Appartements et des Petits Jardins*; par Mme Millet-Robinet. 4e édition. 1 vol. in-12 de 216 pages, et 52 gravures. 1 75

Jardinier (*Manuel complet du*). Maraîcher, Pépiniériste, Botaniste, Fleuriste et Paysagiste; par M. Louis Noisette. 2e édition. 4 vol. in-8 et supplément. . . . . 30 »

Journal d'Horticulture pratique. Voir page 34.

Légumes proprement dits (*Culture des*). Artichauts, Asperges, Céleris, Chicorée, Choux, Choux-fleurs, Fèves, Haricots, Laitues, Oignons, Pois, etc. Voir *M. R.*, t. V et *B. J.*

Légumes-racines (*Culture des*). Betteraves, Carottes, Pommes de terre, Radis, Salsifis, Topinambours. V. *M. R.*, t. II et *B. J.*

Lys (*Histoire et culture des*), et Culture des Melons; par Thierry, horticulteur. Un vol. in-12 de 180 pages. 1 50

Maison Rustique des Dames. Voir page 29.

Maison Rustique du 19e siècle. Voir page 9.

Maladies. Voir *Arbres fruitiers.*—Voir *M. R.*, t. I et V.

Melastomacearum quæ in musæo parisiensi continentur Monographicæ descriptionis et secundum affinitates distributionis tentamen; auctore Carolo Naudin. 1 vol. grand in-8 de 724 pages et 27 planches gravées. . . . . 25 »

Melon. Voir *Bibliothèque du Jardinier*, page 23.

Œillet (*Monographie du genre*); par de Ponsort. 2e édition, 1 vol. in-12 de 208 pages et 1 planche.. . . . . 2 50

Œillet (*Appendice et classification du genre*). In-12 de 36 pages, avec 40 figures coloriées. 1 50

Orangers (*Histoire naturelle des*) Bigaraudiers, Cedratiers, Citronniers, etc.; par Risso. 80 pages in-4 de 2 planches. 5 »

Orangerie. Voir *M. R.*, t. V.

Orangerie (*Traité de l'*), des serres chaudes et chassis; par M. L. B. In-8 de 524 pages et 15 planches (1788). . . . . 5 »

Orchidées (*Culture des*). Instructions sur leur récolte, expédition et mise en végétation, et liste descriptive de 550 espèces et variétés; par Ch. Morel, v.-président de la Société centrale d'horticulture. 1 vol. in-8 de 204 pages. . . . . . 5 »

Pêcher (*Annuaire du*); par Grosset. In-12 de 60 pages. » 75

Pelargonium *(Culture des)*, Calcéolaires, Verveines et Cinéraires, plantes qui peuvent se cultiver dans la même serre; par CHAUVIERE et LEMAIRE. 1 vol. in-12 de 150 pages. . . 2 50

Pensée *(Culture de la)*; par DE PONSORT. 108 pages in-12. 1 50

Pépinières (*De la culture des*) arbres forestiers, fruitiers, d'agrément et arbres verts; par Bosc. In-4 de 34 pages. 1 75

Pépinières d'arbres fruitiers et d'ornement. Voir *M. R.*, t. V, *Bon Jard.* et *Bibliothèque du Jardinier*, page 23.

Pépinières. Voir *Bibliothèque du Jardinier*, page 23.

Physique Horticole. Voir *Bibliothèque du Jardinier*, p. 23.

Plantes (*Instructions pratiques sur la culture des*) dans les appartements, sur les fenêtres et dans les petits jardins; par COURTOIS-GÉRARD. In-12 de 178 pages et 8 gravures. . . » 75

Plantes aquatiques. Voir *M. R.*, t. V.

Plantes, arbres et arbustes (*Manuel général des*), contenant la description et la culture de 25,000 plantes indigènes d'Europe ou cultivées dans les serres; par MM. HÉRINCQ et JACQUES, ex-jardinier en chef du domaine royal de Neuilly.

Chaque livraison de 108 pages petit in-8 à 2 colonnes . . 1 50

La 25e livr. est en vente.— Les tomes I, II et III chacun. . 10 »

Plantes bulbeuses (*Culture des*) ou Oignons à fleurs, Iridacées, Liliacées, etc.; par LEMAIRE. 1 vol. in-12 de 392 p. 3 50

Plantes potagères (*Description des*); par VILMORIN, grainier. 1re partie. 1 vol. in-18 de 224 pages. . . . . 3 »

Plantes de collections. Tulipes, Jacinthes, Renoncules, OEillets, Dahlias, Rosiers, Chrysanthèmes, Iris. V. *M. R.*, t. V.

Plantes d'ornement. Voir *M. R.*, t. V et *Bon Jard.*

Plantes potagères (*Culture ordinaire et forcée des*) dans les 86 départements; par Victor PAQUET. 1 vol. in-12 de 312 p. 3 50

Plantes potagères à fruits comestibles. Melons, Cornichons, Citrouilles, Fraisiers, etc. Voir *M. R.*, t. V.

Poiriers (*Taille des*) en quenouilles; par LASNIER, horticulteur à Sens. In-8 de 16 pages et 4 figures. . . . . 1 »

Pomone française (La). *Traité de la Culture et de la Taille des Arbres fruitiers*; par le comte LE LIEUR. 3e édition, 1 vol. in-8 de 600 pages et 15 planches gravées. 7 50

Reine-Marguerite (*Histoire et Culture de la*) et de ses variétés pyramidales; par BOSSIN. In-12 de 36 pages. . » 75

Revue Horticole. Voir page 32.

Roses (*Choix des plus belles*). Voir page 33.

Rosier (*Culture du*); par LELIEUR. 92 pages in-12. . . . 1 25

Rosier et Vigne (*Culture exclusive et greffe forcée*); par VIBERT. 60 pages in-8. . . . . 1 »

Semis de fleurs (*Instructions pour les*) de pleine terre, la formation et l'entretien des gazons; par VILMORIN. In-16. » 75

Serres froides, chaudes, tempérées, humides. Voir *M. R.*, t. V.

10. — ECONOMIE DOMESTIQUE. — CUISINE. — PÊCHE.

Arts agricoles. *Petites industries* à exercer dans les campagnes. Voir *M. R*; t. III.

Caisse d'épargne *et de prévoyance*. Lettres à un jeune laboureur; par Louis Leclerc. 3e édition. In-12 de 60 p. » 25

Cuisine française (*Dictionnaire général de la*) ancienne et moderne, ainsi que de l'Office et de la Pharmacie domestique. 1 vol. grand in-8 de 640 pages à 2 colonnes. . . . 6 »

Beurre (*Fabrication du*). Voir *M. R.*, t. III.

Boissons économiques (*Fabrication des*). Voir *M. R.*, t. III.

Fromages (*Fabrication des*). Voir *M. R.*, t. III.

Fruits (*Conservation des*). Voir *Bibliothèque*, page 5.

Incubation, Couvoirs, etc. Voir *M. R.*, t. III.

Lait et Laiterie. Voir *M. R.*, t. III.

Maison rustique des Dames; par Mme Millet-Robinet. 2 volumes in-12, avec 120 gravures, 3e édition. . . . 7 50

Cet ouvrage est divisé en quatre parties contenant :

La 1re, la *Tenue du ménage;*
La 2e, le *Manuel de cuisine;*
La 3e, le *Jardinage* et la *Direction de la ferme;*
La 4e, l'*Hygiène*, la *Médecine domestique* et les *Secours à donner en cas d'asphyxie ou d'empoisonnement.*

Oiseaux de basse-cour et Lapins. Voir *Bibliothèque du Cultivateur*, page 5. — Voir *M. R.*, t. II.

Pêcheur. Voir *Bibliothèque du Cultivateur*, page 5.

Plumes à écrire (*Apprêt des*). Voir *M. R.*, t. III.

Plantes usuelles (*Traité des*), spécialement appliqué à la médecine domestique et au régime alimentaire de l'homme sain ou malade; par le Dr Roques. 4 vol in-8. . . . . . . 12 »

Viandes, Salaisons, Boucanage (*Conservation des*). Voir *M. R.*, t. III.

Vie (*La*) **à bon marché;** par Delamarre, député de la Somme. Le pain, la viande, les transports. 2e édition. 1 vol. in-12 de 708 pages. 3 50

---

11. — OUVRAGES DIVERS.

Arago (*Notice biographique sur* François); par Barral, rédacteur en chef du Journal d'Agriculture pratique. Grand in-8 de 24 pages, avec portrait et autographe . . . . . . » 50

Colline de Sansan (*Notice sur la*), suivie d'une Récapitulation des diverses espèces d'Animaux vertébrés fossiles; par E. Lartet. In-8° de 48 pages, avec planche. 1 50

Conseils aux jeunes femmes sur l'éducation de la première enfance; par Mme Millet-Robinet. In-18 de 324 p. 3 »

Guide françois. Paris et ses environs. Un vol. in-12 de 108 pages avec plan de Paris et carte coloriée des environs. Cartonné. 1 25

Le même, in-4° de 16 pages. . . . . » 50

Plan de Paris, in-4° de 2 pages. . . . . » 20

Environs de Paris, in-4° de 2 pages. . . . . » 20

Les mêmes, in-12, cartonné, chaque . . . . » 40

Langue française (*Dictionnaire des racines et dérivés de la*); par Frédéric Charassin et Ferdinand François. Un volume grand in-8 de 800 pages . . . . 15 »

Mollusques (*Essai sur les*) terrestres et fluviatiles, et leurs coquilles vivantes et fossiles du département du Gers; par l'abbé Dupuy, professeur d'histoire naturelle. In-8° de 176 pages, avec planche. 2 50

Mollusques (*Histoire naturelle des*) terrestres et d'eau douce qui vivent en France; par l'abbé Dupuy, professeur d'histoire naturelle. 6 fascicules contenant 872 pages in-4° et 31 planches gravées. . . . . 60 »

Portrait de Mathieu de Dombasle. Feuille in-folio. Epreuve en noir. 1 50

Sur papier de Chine . . . . 3 »

Révolution de 1848 (*Souvenirs numismatiques de la*). Recueil complet des médailles, monnaies et jetons qui ont paru en France depuis le 24 février jusqu'au 20 décembre 1848; par de Saulcy, membre de l'Académie des inscriptions et belles-lettres. 1 volume grand in-4° cart., contenant 112 pages de texte et 60 planches gravées. . . . . 12 »

Recueil d'observations géodésiques, astronomiques et physiques, exécutées par ordre du Bureau des Longitudes, en France, en Angleterre et en Ecosse; par Biot et Arago, membres de l'Académie des sciences. 1 volume in-4 de 618 pages et 2 planches. . . . . 9 »

12. — JOURNAUX. — PUBLICATIONS PÉRIODIQUES.

1° *Journaux d'agriculture.*

Journal d'Agriculture pratique, fondé en 1837 par le Dr Bixio et publié par les rédacteurs de la *Maison Rustique* sous la direction de M. Barral, ancien élève et répétiteur de chimie de l'Ecole Polytechnique, paraît deux fois par mois (le 5 et le 20), en une brochure de 48 pages in-4, à deux colonnes, avec de nombreuses gravures, et forme tous les ans deux beaux volumes in-4 de 500 à 600 pages chacun.

Outre de nombreux mémoires sur les questions que peuvent présenter la culture des céréales et des plantes, l'élève du bétail, la fabrication des instruments aratoires, les industries annexées aux exploitations rurales, les irrigations, le drainage, etc., *le Journal d'Agriculture pratique* publie

Tous les quinze jours :

1° Une *Chronique agricole* rédigée par M. Barral, rapportant les faits nouveaux qui se sont produits dans le monde agricole;

2° Une *Revue commerciale*, par M. Borie, contenant la seule mercuriale qui jusqu'à ce jour s'occupe des marchés de toutes les parties de la France et des principaux marchés étrangers;

3° Une *Revue commerciale de l'Algérie*, par M. Jules Duval;

4° Une *Revue bibliographique* contenant la liste des publications agricoles et un compte-rendu rédigé, suivant leur spécialité, par les collaborateurs du Journal;

5° Une *Revue des travaux des Comices et des Sociétés agricoles françaises et étrangères;* par M. Eugène Risler.

6° Une *Revue de jurisprudence agricole*, due à MM. Odilon-Barrot, Benoît-Champy, Berryer, Bertin, Dufaure et Victor Lefranc, et destinée à tenir les agriculteurs au courant des décisions judiciaires relatives aux propriétés rurales, aux fermes, aux métairies et aux industries agricoles;

Tous les mois :

1° Une *Chronique agricole de l'Angleterre*, par M. de La Tréhonnais;

2° Une *Revue météorologique agricole* du mois précédent, donnant les observations journalières de la température, de la pluie, du vent, etc., pour vingt points choisis sur la surface de la France et indiquant exactement la situation des récoltes en terre et l'influence exercée par les circonstances météorologiques sur les plantes; c'est le premier travail de ce genre qui ait été tenté sur une échelle aussi vaste;

3° Un *Calendrier agricole* donnant successivement pour toutes les parties de la France les travaux qui doivent s'exécuter le mois suivant, calendrier dont la rédaction a été acceptée par MM. de Gasparin, Villeroy, Jourdier, Moll, Martegoute, Chrétien (de Roville), Heuzé, etc., etc.;

4° Une *partie officielle* contenant les lois, décrets et règlements relatifs aux questions agricoles.

Tous les trois mois :

1° Une *Chronique horticole*. M. Naudin y rend compte des nouveautés que présentent l'horticulture et le jardinage ;

2° Une *Chronique séricicole*, où M. Robinet raconte les progrès de l'art du magnanier et de l'industrie de la soie ;

3° La liste des principaux *Brevets d'invention* délivrés pour machines agricoles, engrais, systèmes d'irrigation, etc.

4° Une *Chronique vétérinaire*, où M. Henri Bouley fait connaître les moyens curatifs imaginés contre les maladies du bétail, les expériences tentées par les médecins vétérinaires pour perfectionner leur art ;

5° Une *Chronique des courses*, due à M. Eugène Gayot, qui s'attache à faire profiter l'agriculture des dépenses considérables faites par l'Etat pour l'amélioration de nos races ;

6° Une *Chronique forestière*, où M. Delbet présente le résumé des faits qui intéressent les propriétaires de forêts, les maîtres de forges et le commerce de bois et charbons.

7° Une *Chronique agricole algérienne*, rédigée par M. Jules Duval dans le but de faire connaître à la France les efforts que fait l'agriculture naissante de nos possessions africaines.

M. Payen rédige *tous les ans* un compte rendu détaillé des travaux de la Société centrale d'agriculture. Un article spécial est consacré aux *concours régionaux et généraux* d'animaux de boucherie ou reproducteurs. Les grandes expositions industrielles, les concours des Sociétés d'agriculture d'Angleterre et de Belgique, sont visités par des collaborateurs qui rendent compte de tous les faits importants qui s'y produisent.

Prix, *franco*. — Un an (janvier à décembre). . . . . 15 »

On s'abonne en envoyant à M. Dusacq, libraire, rue Jacob, 26, un bon de poste de quinze francs, dont on garde la souche qui sert de reçu.

Prix de la collection :

La 1re série six volumes (juillet 1837 à juin 1843) . . 39 »
La 2e série six vol. (juillet 1843 à décembre 1849). . 39 »
La 3e série, sept volumes (1850 à 1853). . . . . 39 »
La 4e série (en cours de publication), 2 vol. (1854) 12 »

2° *Journaux d'horticulture.*

Revue horticole, *Journal d'Horticulture pratique*, rédigé par MM. Duchartre, Martins, Naudin, Neumann, Pépin, Vilmorin, etc.; sous la direction de M. Decaisne, membre de l'Académie des Sciences, professeur de culture au Jardin des Plantes de Paris.

La *Revue horticole,* rédigée en grande partie par les auteurs du *Bon Jardinier*, qui ont voulu en faire le complément de cet ouvrage, contient l'application, pour toutes sortes de plantes et dans toutes les circonstances possibles, des principes qui sont développés dans cet important traité de culture. Il suffira donc, pour être au courant des innovations et des progrès de la science horticole, tant en France qu'à l'étranger, de se procurer une fois tous les deux ou trois ans la dernière édition du *Bon Jardinier* et de recevoir la *Revue horticole,* dont les 24 numéros, publiés dans l'année, forment un beau volume de 450 pages in-8 avec 24 gravures coloriées et des gravures sur bois.

Les plantes d'ornement sont aujourd'hui extrêmement nombreuses, et tous les jours elles tendent à se multiplier encore; leur distinction, soit générique, soit spécifique, fondée sur la connaissance de leurs caractères botaniques, forme une partie essentielle de la science du jardinier et de l'amateur d'horticulture. C'est dans le but de faciliter cette connaissance que notre *Revue* décrit avec détail les espèces nouvelles les plus remarquables et qu'elle donne, pour beaucoup d'entre elles, des figures dessinées avec soin, en même temps qu'elle fait connaître les procédés de leur culture.

Partant de ce principe que les connaissances de tous doivent profiter à tous, nous ouvrons notre journal à quiconque veut bien nous adresser ses propres observations. Nous les accueillons toujours avec plaisir, en laissant à chacun la responsabilité des faits ou des idées qu'il énonce, et en nous réservant le droit de les discuter.

La *Revue horticole* se distingue de presque toutes les autres publications analogues par la modicité de son prix, qui la me à la portée du jardinier le moins aisé.

Ce journal paraît le 1er et le 16 de chaque mois, en un cahie de 24 pages in-8, avec une gravure coloriée et des gravure sur bois. Il contient tout ce qui paraît d'intéressant en horticulture, comme plantes nouvelles, utiles ou d'agrément, nouveaux procédés de culture, analyse de journaux et d'ouvrages français et étrangers.

Prix, *franco,* un an, janvier à décembre, avec 24 gravures coloriées (une par numéro). . . . . 9 »
1847 à 1851, cinq vol. in-12 et 120 gravures coloriées. 39 »
1852 à 1854, trois vol. in-8 et 72 gravures coloriées. . 27 »

Flore des serres et des jardins de l'Europe. Description et figures des plantes rares et méritantes nouvellement introduites en Europe. Un cahier mensuel grand in-8, composé de dix planches supérieurement coloriées et de 32 pages avec gravures sur bois ; publié sous la direction de L. VAN HOUTTE, horticulteur à Gand. Prix *franco*, un an. . . 38 »

Pescatorea. Iconographie des Orchidées de la collection de M. Pescatore, au château de la Celle-Saint-Cloud ; par MM. Linden, Luddemann, Planchon et Reichenbach ; paraît par livraisons, chacune de 4 planches in-folio et texte.

Prix de l'abonnement pour un an ou 12 livraisons. . . . 80 »

3° *Publications périodiques.*

Album Vilmorin. — Fleurs rustiques, annuelles et vivaces. La livraison. . . . . 4 »

Légumes et Plantes fourragères. La livraison. . . . . . . 3 »

Anatomie comparée, recueil de planches dessinées par GEORGES CUVIER ou exécutées sous ses yeux par LAURILLARD, publié sous les auspices de M. le ministre de l'instruction publique, et sous la direction de MM. LAURILLARD et MERCIER. Cette publication comprend 336 planches qui paraissent en 24 livraisons de 14 planches chacune, avec texte. 18 livraisons sont en vente.

Chaque livraison. . . . . 14 »

Cactées (*Iconographie des*), histoire naturelle, culture ; par LEMAIRE. 8 livr. in-folio, 16 planches coloriées et texte. 39 »

Camellia (*Iconographie du genre*), collection des Camellias les plus beaux et les plus rares ; par l'abbé BERLÈSE.

Chaque livraison, petit in-folio, composée de 2 planches coloriées, avec texte sur beau papier vélin satiné. 2 50

L'ouvrage complet, trois magnifiques volumes reliés. 375 »

Herbier général de l'Amateur, contenant la description, l'histoire, les propriétés et la culture des végétaux utiles et agréables ; par Ch. LEMAIRE, avec figures d'après nature, par BESSA. Chaque livraison, gravures et texte. 1 75

L'ouvrage complet. Cinq volumes in-4, contenant 331 figures coloriées des plantes nouvelles des jardins de l'Europe. 190 »

Roses (*Choix des plus belles*) dans toutes les tribus du genre Rosier, peintes d'après nature, gravées en taille-douce, imprimées en couleurs et retouchées au pinceau.

Chaque livraison, 3 fr. L'ouvrage complet, 30 livr. 90 »

Roses (*Les*) ; par REDOUTÉ. Trois volumes grand in-4, contenant 401 pages de texte, 169 planches *coloriées* et 169 planches *noires* en regard ; une Bibliographie du Genre Rosier et une table alphabétique (Exemplaire relié et non rogné). . . 390 »

Le même ouvrage, trois vol. in-8 et 169 planches. . . . . . 95 »

4° *Collections de journaux ayant cessé de paraître*

Annales de l'Institut horticole de Fromont; par SOULANGE-BOBIN. 1829-1834. Six volumes in-8. Collection complète. Au lieu de 54 francs. . . . . 12 »

Annales de la Société séricicole, fondée en 1837 pour la propagation et l'amélioration de l'industrie de la soie. Quinze vol. gr. in-8 et planches. La collection complète. 175 »

Cultivateur (*Le*), Journal des progrès agricoles; par M. de LA CHAUVINIÈRE. Vingt-quatre volumes. 1829-1848. Collection complète. Au lieu de 240 francs. . . . . 59 »

Horticulteur universel (*L'*), Journal général des jardiniers et amateurs, contenant l'analyse raisonnée des travaux horticoles français et étrangers; par MM. CAMUZET, JACQUES, LEMAIRE, NEUMANN, PÉPIN, POITEAU, etc. La collection complète, sept volumes grand in-8, avec 300 planches coloriées. . . . . 150 »

Jardin fleuriste (*Le*); par CH. LEMAIRE. 1850 à 1853. La collection complète, quatre volumes grand in-8, avec gravures coloriées. . . . . 88 »

Journal d'Horticulture pratique; Moniteur général des travaux et progrès du jardinage; par Victor PAQUET. La collection complète, cinq volumes in-12, avec 76 gravures coloriées. . . . . 29 »

Moniteur de la propriété et de l'agriculture. Journal des intérêts du sol; rédigé par MM. de Chambray, Élisée Lefèvre, Lefour, Marie, de Rainneville, Royer, etc.

La collection complète : Dix-huit volumes grand in-8, à deux colonnes (1836 à 1853), au lieu de 180 fr. . . 39 »

Chaque volume . . . . 4 »

TABLE ALPHABÉTIQUE DES NOMS D'AUTEURS.

www.ingramcontent.com/pod-product-compliance
Ingram Content Group UK Ltd.
Pitfield, Milton Keynes, MK11 3LW, UK
UKHW012101240726
13965UKWH00004B/1461

9 782013 442190